图形图像处理

主 编 王宏春 梁 梁 崔艳梅
副主编 葛长利 吕 菲 张春胜

北京理工大学出版社
BEIJING INSTITUTE OF TECHNOLOGY PRESS

版权专有　侵权必究

图书在版编目（CIP）数据

图形图像处理 / 王宏春，梁梁，崔艳梅主编. —北京：北京理工大学出版社，2019.8（2021.8 重印）

ISBN 978-7-5682-7449-4

Ⅰ. ①图⋯　Ⅱ. ①王⋯ ②梁⋯ ③崔⋯　Ⅲ. ①图象处理软件 - 高等学校 - 教材　Ⅳ. ①TP391.413

中国版本图书馆 CIP 数据核字（2019）第 178434 号

出版发行	/ 北京理工大学出版社有限责任公司
社　　址	/ 北京市海淀区中关村南大街 5 号
邮　　编	/ 100081
电　　话	/（010）68914775（总编室）
	（010）82562903（教材售后服务热线）
	（010）68944723（其他图书服务热线）
网　　址	/ http://www.bitpress.com.cn
经　　销	/ 全国各地新华书店
印　　刷	/ 定州市新华印刷有限公司
开　　本	/ 787 毫米 × 1092 毫米　1/16
印　　张	/ 9.5
字　　数	/ 227 千字
版　　次	/ 2019 年 8 月第 1 版　2021 年 8 月第 3 次印刷
定　　价	/ 38.00 元

责任编辑 / 王玲玲
文案编辑 / 王玲玲
责任校对 / 周瑞红
责任印制 / 李志强

图书出现印装质量问题，请拨打售后服务热线，本社负责调换

  Photoshop 是美国 Adobe 公司出品的具有强大的图形图像处理功能的软件，自推出之日起就一直深受广大平面设计者的好评，目前已经成为全球应用最广泛的图像处理软件之一。Photoshop CC 作为专业的图像处理软件，其功能强大、操作灵活，被广泛应用于广告设计、图像处理、图形制作、影像编辑和建筑效果设计等行业。

  本书主要通过典型实例来介绍 Photoshop CC 的具体功能应用和使用技巧。本书的编写没有采用枯燥的以菜单的形式学习软件的方法，而是从经典案例的制作中熟悉、学习软件，使实践与理论更加融合。本书中的案例绝大多数来自实体单位，书中注重将知识点融入案例之中，增加了学习内容的趣味性。本书由浅入深、图文并茂、语言通俗易懂，书中提供案例的设计思路与制作流程，操作步骤细致，在知识和技能的讲解中精心穿插丰富的软件操作技巧提示，非常适合平面设计、数码照片后期处理、网页美工等从业人员阅读，对想要学习 Photoshop CC 软件操作与应用的读者也是极佳的参考书，同时，还可作为培训机构、大中专院校的教学辅导用书。

  本书由王宏春、梁梁、崔艳梅主编，葛长利、吕菲、张春胜担任副主编。参与本书编写的还有李泽铭、赵粲、杨淑香、苏桢囡、陈辉、高磊等。

  由于编者学术水平有限，编写时间仓促，书中难免存在疏漏与不妥之处，敬请广大读者批评指正。

编　者

目录 Contents

▶ 项目一 Photoshop CC 基础 ·············· 1

    1.1 项目描述 ·············· 1
    1.2 项目分析 ·············· 1
    1.3 项目准备 ·············· 1
    1.4 项目实施 ·············· 4
        任务一：了解图像处理基础知识 ·············· 4
        任务二：熟悉 Photoshop CC 操作界面 ·············· 9
        任务三：掌握图像文件的基本操作 ·············· 12
    1.5 项目拓展 ·············· 22

▶ 项目二 设计制作标志 ·············· 23

    2.1 项目描述 ·············· 23
    2.2 项目分析 ·············· 23
    2.3 项目准备 ·············· 24
    2.4 项目实施 ·············· 25
        任务一：图形制作 ·············· 25
        任务二：文字制作 ·············· 32
    2.5 项目拓展 ·············· 36

▶ 项目三 排版制作证件照 ·············· 37

    3.1 项目描述 ·············· 37
    3.2 项目分析 ·············· 37
    3.3 项目准备 ·············· 38
    3.4 项目实施 ·············· 40
        任务一：制作 1 寸标准证件照 ·············· 40
        任务二：排版 1 寸标准证件照 ·············· 44
        任务三：录制动作一键排版 ·············· 49
    3.5 项目拓展 ·············· 50

▶ 项目四 加工和处理数码照片 ·············· 51

    4.1 项目描述 ·············· 51

4.2	项目分析	51
4.3	项目准备	52
4.4	项目实施	57
	任务一：修图	57
	任务二：合成	61
4.5	项目拓展	66

▶项目五　设计制作宣传海报　　67

5.1	项目描述	67
5.2	项目分析	67
5.3	项目准备	68
5.4	项目实施	68
	任务一：制作背景	69
	任务二：制作前景	77
5.5	项目拓展	83

▶项目六　设计制作宣传折页　　84

6.1	项目描述	84
6.2	项目分析	85
6.3	项目准备	85
6.4	项目实施	88
	任务一：制作外折页	88
	任务二：制作内折页	112
	任务三：制作宣传折页效果图	117
6.5	项目拓展	125

▶项目七　设计制作书籍封面　　126

7.1	项目描述	126
7.2	项目分析	126
7.3	项目准备	126
7.4	项目实施	128
	任务一：制作背景	128
	任务二：制作前景	140
7.5	项目拓展	146

项目一

Photoshop CC 基础

Photoshop 是美国 Adobe 公司出品的具有强大的图形图像处理功能的图像编辑处理软件，自推出之日起就一直深受广大平面设计者的好评，目前已经成为全球应用最广泛的图像处理软件之一。Photoshop CC 作为专业的图像处理软件，功能强大、操作灵活，被广泛应用于广告设计、图像处理、图形制作、影像编辑和建筑效果设计等行业。

◇ **知识目标**

（1）了解 Photoshop CC 软件的应用范围及功能。
（2）掌握图像处理基础知识。

◇ **技能目标**

（1）熟悉 Photoshop CC 操作界面。
（2）掌握图像文件的基本操作。

1.1 项目描述

本项目的目的是要了解图像处理的基本知识，熟悉工作界面的组成及各部分功能，通过实例制作，掌握图像文件的一些基本操作。

1.2 项目分析

本项目理论结合实际案例，了解图像处理的基本知识，包括位图和矢量图、像素和分辨率、文件常用格式、图像色彩模式等，有助于更快、更准确地处理图像；熟练掌握工作界面的内容，有助于初学者日后得心应手地驾驭 Photoshop 软件；通过实例制作，掌握 Photoshop 对图像文件进行的一些基本操作，包括图像文件的新建、打开、保存，以及调整图像大小、调整图像画布大小、旋转图像、对图像中的局部进行变换等操作。

1.3 项目准备

Photoshop 被广泛应用在以下几个方面：

一、图像处理

图像处理是 Photoshop 应用最多的功能，主要包括抠图、修图、调色、合成等功能。其中，抠图是将原素材图中的人物或物体从背景中分离出来，并添加到新的背景中，以达到以假乱真的效果。修图是使用 Photoshop 将图片的瑕疵清除、杂乱的背景修复、人物的皮肤美容等。调色则可以通过色彩调整或相应工具来改变图像中某个颜色的色调，如图 1-1 和图 1-2 所示。

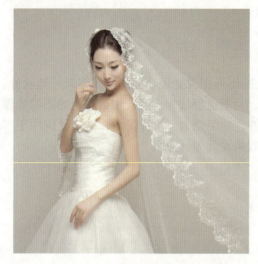

图 1-1

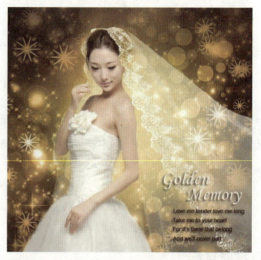

图 1-2

二、平面广告创作

在平面设计领域，Photoshop 是不可缺少的设计软件，无论是平面设计制作还是该领域中的广告彩页、拆页、海报、招贴、包装等，都广泛使用 Photoshop，如图 1-3 和图 1-4 所示。

图 1-3

图 1-4

三、动漫创作

动漫设计近年来十分盛行，有越来越多的爱好者加入动漫设计的行列，Photoshop 软件的强大功能使它在动漫行业有着不可取代的地位，从最初的形象设定到最后渲染输出，都离不开它。图 1-5 和图 1-6 所示为著名的动漫设计作品。

图 1-5

图 1-6

四、网页界面设计

一个好的网页创意都离不开图片，只要涉及图像，都会用到图像处理软件，所以，在网页设计领域中，Photoshop 是不可缺少的设计软件。熟练的 Photoshop 技能、较好的美术素养和熟悉网站设计流程是网页美工的基本素质，如图 1-7 和图 1-8 所示。

图 1-7

图 1-8

1.4 项目实施

本项目分为 3 个任务：了解图像处理基础知识、熟悉 Photoshop CC 操作界面、掌握图像文件的基本操作。

任务一：了解图像处理基础知识

一、位图和矢量图

计算机可以处理的图形图像主要分为两大类：矢量图形（Vector Graphics）和位图图像（Bitmap Images）。在绘图或图像处理过程中，这两种类型的图像可以相互交叉运用，取长补短，了解它们之间的差异，对创建、编辑和导入图片都有很大的帮助。

1. 位图

位图也称为点阵图或栅格图像，是由称为像素的单个色点组成的。每个像素都有自己特定的位置和颜色值。这些点可以进行不同的排列和染色，以构成图样来呈现图像色彩的细微变化，因此，位图的优点是可以表现出色彩丰富的图像，逼真地表现自然界各类景物的图像效果。但点阵图在放大到一定倍数后，可以看到构成整个图像的无数个方形的色块，产生色调不连续及锯齿边缘的失真现象，表现为图像变得模糊。位图放大前后的效果对比如图 1-9 所示。

用 Photoshop 处理的主要是位图图像，另外，还有不少常用的位图图像软件，如 Painter 等。

2. 矢量图

矢量图也称为向量图形，它是一种基于图形的几何特性来描述的图像，由直线、曲线、文字和色块组成，如一条直线的数据只需要记录两个端点的位置、直线的粗细和颜色等。矢量图中的各种图形元素称为对象，每一个对象都是独立的个体，都具有大小、颜色、形状、轮廓等属性。

(a) （b）

图 1-9

矢量图形的特点：它与分辨率无关，把它缩放到任意大小，清晰度保持不变，依然保持光滑无锯齿现象，不会发生任何偏差，精确度很高。这种图形常用于标志设计、插画、工程绘图等。矢量图放大前后的效果对比如图 1-10 所示。

(a) （b）

图 1-10

矢量图形的处理软件有 Illustrator、FreeHand、CorelDRAW、Flash、AutoCAD 等。

二、像素和分辨率

像素和分辨率是 Photoshop 中最常用的两个概念，对它们的设置决定了文件的大小及图像的质量。

1. 像素

像素（Pixel）是构成图像的最小单位，位图中的一个色块就是一个像素，且一个像素只显示一种颜色。

2. 分辨率

分辨率（Resolution）是用于描述图像文件信息的术语。分辨率分为图像分辨率、屏幕分辨率和输出分辨率。

（1）图像分辨率。图像分辨率是专对位图而言的。图像是由像素组成的，单位面积内图像所包含像素的数目，称为图像分辨率，其单位为"像素/英寸"[①]或"像素/厘米"。单位面积中像素越多，分辨率越高，图像越清晰，文件占有空间就越大。

分辨率的高低直接影响图像的效果，使用太低的分辨率会导致图像粗糙，在排版打印时图片会变得非常模糊；而使用较高的分辨率则会增加文件的大小，并降低图像的打印速度。在新建文件时，一般依据最终用途来确定分辨率的大小。用于屏幕显示，通常为72像素/英寸；用于打印，则最低需150像素/英寸；而用于印刷的图像，最少需设定300像素/英寸。分辨率一旦设定，即使后期更改，图像质量也不会再有明显变化，因此，在新建文档时，一定要确定分辨率的数值。

（2）屏幕分辨率。屏幕分辨率是显示器上每单位长度显示的像素数目。屏幕分辨率取决于显示器大小及其像素设置。PC显示器的屏幕分辨率一般为96像素/英寸，Mac显示器的分辨率一般为72像素/英寸。在Photoshop中，图像像素被直接转换成显示器像素，当图像分辨率高于显示器分辨率时，屏幕中显示的图像比实际尺寸大。

（3）输出分辨率。输出分辨率是照排机或打印机等输出设备产生的每英寸的油墨点数（dpi）。打印机的分辨率在720 dpi以上的，可以使图像获得比较好的效果。

三、图像的色彩模式

色彩模式决定了图像的颜色显示数量，也影响了图像的通道和图像文件的大小。Photoshop提供了多种色彩模式，这些色彩模式正是作品能够在屏幕和印刷品上成功表现的重要保障。在这些色彩模式中，最常用的为RGB模式、CMYK模式、灰度模式、位图模式。另外，还有Lab模式、HSB模式、索引模式、双色调模式、多通道模式等。这些模式都可以在Photoshop模式菜单下选取，每种色彩模式都有不同的色域，并且各个模式之间可以转换。下面为主要的4种色彩模式。

1. RGB模式

RGB模式是Photoshop默认的色彩模式，是图形图像设计中最常用的色彩模式。RGB模式是一种加色模式，它通过红、绿、蓝3种色光相叠加而形成更多的颜色。RGB模式是色光的彩色模式，一幅24 bit的RGB图像有3个色彩信息的通道：红色（R）、绿色（G）、蓝（B）。Photoshop中RGB颜色控制面板如图1–11所示。

每个通道都有8 bit的色彩信息——一个0～255的亮度值色域。也就是说，每个色彩都有256个亮度水平级。3种色彩相叠加，可以有256×256×256=1 670万种可能的颜色。这1 670万种颜色足以表现绚丽多彩的世界。在Photoshop中编辑图像时，RGB模式应是最佳的选择，但在印刷输出时，偏色情况较严重。

2. CMYK模式

CMYK模式是C（青色）、M（洋红）、Y（黄色）、K（黑色）合成颜色的模式，是印刷上使用的最重要的色彩模式，由这4种油墨可以合成千变万化的颜色，因此被称为四色印刷。

图1–11

[①] 1英寸=2.54厘米。

CMYK 模式在印刷时应用了色彩学中的减法混合原理，即减色色彩模式，每一种颜色所占有的百分比范围为 0%～100%，百分比越大，颜色越深。Photoshop 中 CMYK 颜色控制面板如图 1-12 所示。

CMYK 模式是图片、插画和其他 Photoshop 作品中最常用的一种印刷方式。在印刷中通常都要进行四色分色，出四色胶片，然后再进行印刷。

图 1-12

3. 灰度模式

灰度模式可以将图片转变成黑白照片的效果。彩色图像转变为灰度模式的效果对比如图 1-13 所示。它是图像处理中被广泛运用的模式，采用 256 级不同浓度的灰度来描述图像，每一个像素都有 0～255 范围的亮度值。

图 1-13

将彩色图像转变为灰度模式文件时，所有的颜色信息都将从文件中丢失。虽然 Photoshop 允许将灰度模式的图像再转换为彩色模式，但是原来已丢失的颜色信息不可能完全还原。所以，当要转换灰度模式时，应先做好图像备份。

与黑白照片一样，一个灰度模式的图像只有明暗值，没有色相和饱和度这两种颜色信息。0% 代表白，100% 代表黑。其中的 K 值用于衡量黑色油墨用量。Photoshop 中灰度模式颜色控制面板如图 1-14 所示。

图 1-14

4. 位图模式

位图模式也称为黑白模式，使用黑、白两色来描述图像中的像素。彩色图像转变为位图模式的效果对比如图 1-15 所示。黑白之间没有灰度过渡色，该类图像占用的内存空间非常少。当要将一幅彩色图像转换成黑白模式时，不能直接转换，必须先将图像转换成灰度模式。

四、图像的文件格式

在 Photoshop 中存储文件的格式非常多，不同的图像文件格式表示着不同的应用性、色彩数、压缩程度、图像信息等。常用的文件存储格式及其特点如下。

图 1-15

1. PSD 格式

PSD 格式是 Photoshop 中专用的文件格式，可以存储所有 Photoshop 特有的文件信息及色彩模式等，用这种格式存储的图像可以包含有图层、通道、路径等，其清晰度高，并且很好地保留了图像的制作过程，方便以后或者他人修改。因此，一般用 Photoshop 处理完图像后，把它保存为这种格式，然后根据需要导出成其他格式。

2. BMP 格式

BMP 格式是微软公司 Windows 的图像格式，这种文件格式可以轻松地处理 24 位颜色的图像。但它的缺点是压缩率不大，不能对文件大小进行有效的压缩，也就是说，虽然 BMP 格式的图像文件能描绘出非常清晰和逼真的图像效果，但它的文件体积是很大的。

3. JPEG 格式

JPEG 格式是一种高效、全彩的压缩图像文件格式，它支持灰度或 24 位的连续色调，压缩后，它的文件体积远比 "BMP" 和 "TIFF" 格式的小。但压缩时会使图像质量受到一些损失，在对图像要求较高的出版、印刷等领域不宜采用这种格式。另外，它的兼容性很强，在网页上使用得比较广泛，通常在网页上用来表现色彩比较丰富的静态图像。缺点是不支持透明。

4. GIF 格式

GIF 格式为网络上常用的压缩图像格式，它支持透明的背景处理，并可制作成动画的效果，它使用的色彩类型为黑白及 2、4、8、16、256 色的索引色彩，适合线条比较简单的图形。当保存网页上的图像时，如果图像的颜色较少、较单纯，一般采用 GIF 格式，这样图像的大小会远远小于压缩成 JPEG 格式的图像，并且图像质量也优于 JPEG 格式。

5. PNG 格式

PNG 格式结合了 GIF 和 JPEG 格式的优点，可用于网络图像的传输。它既可以保存为 24 位真彩色图像，并且支持透明背景和消除锯齿的功能，还可以在不失真的情况下压缩图像。PNG 格式是 Fireworks 软件的专用图像格式。

6. EPS 格式

EPS 格式是 Adobe 公司所开发，与各种排版软件的相容性最高的一种通用行业标准格式，可同时包含像素信息和矢量信息。如果要将图像置入 InDesign、PageMaker、Quark Xpress 等排版软件中，就可以将图像格式保存为 EPS 格式。

7. PDF 格式

PDF 格式是 Adobe 公司开发的一种跨平台的图像文件格式。其支持文本格式，常用于印刷、排版、制作教程等方面。

8. TIFF 格式

TIFF 格式的出现是为了便于各种图像之间的图像数据交换，应用非常广泛，支持多种色彩模式，并且还在 RGB、CMYK 和灰度 3 种模式下支持 Alpha 通道。该格式采用 LZW 的压缩方法，是一种无损失的压缩，常用于印刷、出版领域。

任务二：熟悉 Photoshop CC 操作界面

执行"开始"→"程序"→"Adobe Photoshop CC"命令，进入 Photoshop CC 界面。选择菜单"文件"→"打开"命令，在工作区打开一幅图像，Photoshop CC 的工作界面如图 1-16 所示。

图 1-16

一、菜单栏

Photoshop CC 的菜单栏由"文件""编辑""图像""图层""文字""选择""滤镜""3D""视图""窗口""帮助"11 个菜单项组成，如图 1-17 所示。单击任意一个菜单项，都会弹出其包含的命令，Photoshop CC 的绝大部分功能都可以利用菜单栏中的命令来实现。

图 1-17

二、工具箱

工具箱的默认位置位于界面的左侧，包含 Photoshop CC 的各种图形绘制和图像处理工具，例如对图像进行选择、移动、绘制、编辑和查看的工具，在图像中输入文字的工具，更改前景色和背景色的工具及不同编辑模式工具等。

将鼠标光标移动到工具箱中的任一按钮上时，该按钮将凸出显示，如果鼠标光标在工具按钮上停留一段时间，鼠标光标的右下角会显示该工具的名称。单击工具箱中的任一工具按钮，可将其选择。另外，绝大多数工具按钮的右下角带有黑色小三角形，表示该工具还隐藏其他同类的工具，将鼠标光标放置在这样的按钮上，按下鼠标左键不放或单击鼠标右键，即可将隐藏的工具显示出来。工具箱及隐藏的工具按钮如图1-18所示。

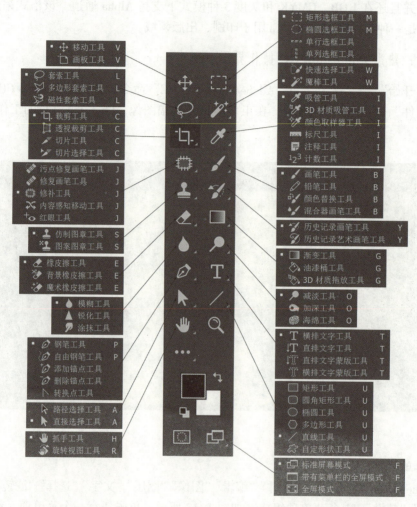

图1-18

三、工具属性栏

工具属性栏位于菜单栏的下方，主要用于对所选工具的属性进行设置，它提供了控制工具属性的选项，其内容会根据所选工具的不同而发生变化。在工具中选取相应的工具后，工具属性栏中将显示该工具可使用的功能及可以进行的编辑操作等内容。例如，选取工具箱中的"渐变工具"，工具属性栏的显示如图1-19所示。

图1-19

四、图像编辑窗口

图像编辑窗口是表现和创作 Photoshop 作品的主要区域,图形的绘制和图像的处理都在该区域内进行。

图像编辑窗口上方的标题栏中,最左侧显示 Photoshop CC 的软件图标,其后依次显示图像文件的名称、文件格式、显示比例、当前图层、颜色模式和位深度等信息。例如,在图 1-20 中,图像窗口的标题栏中显示为"热气球.psd@100%(图层 1,RGB/8#)",它表示当前打开的是一个名为"热气球"的 PSD 格式的图像文件,该图像的实际大小为 100% 比例显示,当前工作层为"图层 1",颜色模式为"RGB 颜色",位深度为"8 位"。

图 1-20

五、状态栏

状态栏位于图像编辑窗口的底部,显示图像的当前显示比例和文件大小等信息,如图 1-21 所示。状态栏左侧的数值框用于设置图像编辑窗口的显示比例,在数值框中输入需要图像显示的比例后,按 Enter 键,当前图像即可按照设置的参数进行显示。

图 1-21

六、工作区

工作区是指工作界面中的大片灰色区域,工具箱、图像窗口和各种控制面板都处于工作区内。为了获得较大的空间显示图像,可按 Tab 键将工具箱、属性栏和控制面板同时隐藏,再次按 Tab 键可以使它们重新显示出来。

七、控制面板

控制面板是 Photoshop 程序必不可少的组成部分，其增强了 Photoshop 的功能并使 Photoshop 的操作更为灵活多样。

控制面板默认位于界面的右侧，Photoshop CC 中提供了多个控制面板组。利用这些控制面板可以对当前图像的色彩、大小显示、样式及相关的操作等进行设置和控制。这些面板可以在屏幕上随意移动，可以根据使用者的需要显示或隐藏，并将多个面板进行上下或左右叠放，如图 1-22 所示。

将鼠标光标移动到任一组控制面板上方的灰色区域内，按住左键并拖动，可以将其移动到界面的任意位置。面板除了窗口中的参数选项外，单击其右上角的小三角，即可弹出面板的命令菜单，利用这些菜单可增强面板的功能，如图 1-23 所示。

图 1-22

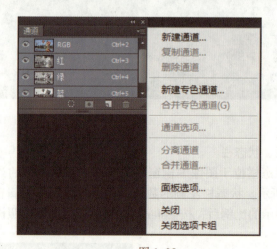

图 1-23

任务三：掌握图像文件的基本操作

一、新建文件

新建图像是使用 Photoshop 软件进行设计的第一步。如果要在一个空白的图像上绘图，就要在 Photoshop 中新建一个图像文件。

项目一　Photoshop CC 基础

（1）运行 Photoshop CC，执行菜单"文件"→"新建"命令，打开"新建"对话框，如图 1-24 所示。

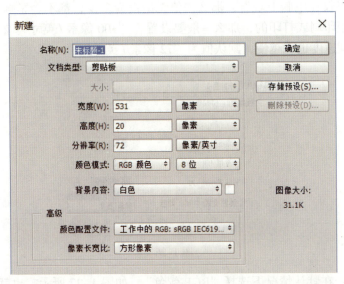

图 1-24

> **操作提示**
>
> 弹出"新建"对话框的方法有 3 种：① 执行"文件"→"新建"命令；② 按 Ctrl+N 组合键；③ 按住 Ctrl 键，在工作区中双击鼠标左键。

各选项说明：

◆ 名称：是指所选图像文件的名称，新建的文档名默认为"未标题 1"，再新建则以"未标题 2"设定，依此类推。可在"名称"文本框中输入文字，为图像文件自行命名。

◆ 存储预设：在其下拉列表中可以选择 Photoshop 已经预设置好的图像尺寸。当自行设置宽度及高度尺寸时，其选项将自动变为"自定"选项。

◆ 宽度：可设置图像的宽度。打开右边的下拉列表，从中可以选择图像尺寸的单位，默认为"像素"，如图 1-25 所示。

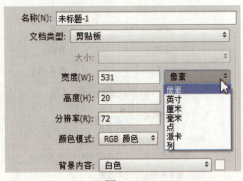

图 1-25

> **操作提示**
>
> 如果制作的图像是在电脑上观看的，那么一般把单位设置为"像素"；如果图像将被印刷或打印，那么要把单位设置为"厘米""毫米"或"英寸"。

◆ 高度：可设置图像的高度。同样，打开右边的下拉列表，可以选择图像尺寸的单位。
◆ 分辨率：用来设置新建文件的分辨率，它默认的单位是"像素/英寸"，如图 1-26 所示。如果图像仅仅在电脑上观看，那么该值无论设为多少，都不会影响图像的显示效果，但如果图像是用于印刷或打印的，那么一般要设置为"300 像素/英寸"。精度越高，图像的质量越好，但处理速度也就越慢，默认值为"72 像素/英寸"。

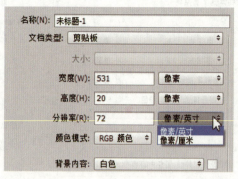

图 1-26

◆ 颜色模式：在默认情况下选择"RGB 颜色"，如图 1-27 所示，也就是通常所说的真彩模式。如果图像用于印刷，那么应该选择"CMYK 颜色"。
◆ 背景内容：用来选择图像背景的颜色，其中共有 3 个选项。选择"白色"，表示新建图像的背景为白色，如图 1-28 所示；选择"背景色"，表示新建图像的背景色将是工具箱中所设置的背景色；选择"透明"，表示新建的图像文件没有背景色。在 Photoshop 中，透明的背景以灰白小方格的形式显示。

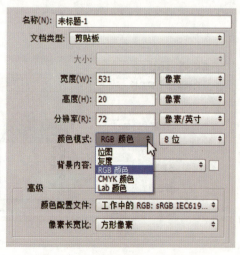

图 1-27

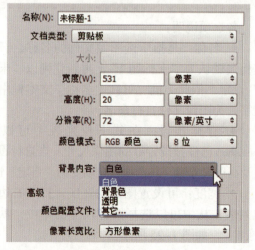

图 1-28

（2）在"新建"对话框中自行设置选项及参数，"宽度"为 370 像素，"高度"为 215 像素，"名称"为"绘制便签"，"分辨率"为 72 像素/英寸，"颜色模式"为 RGB 颜色，"背景内容"为白色，如图 1-29 所示。

（3）单击"确定"按钮，即可按照所设置的选项及参数创建一个新的文件，如图 1-30 所示。

图 1-29

图 1-30

二、打开文件

利用菜单栏中的"文件"→"打开"命令，在素材文件夹中打开一幅所需的素材图像。

（1）执行菜单"文件"→"打开"命令，将弹出"打开"对话框。

> **操作提示**
>
> 弹出"打开"对话框的方法有3种：① 执行"文件"→"打开"命令；② 按 Ctrl+O 组合键；③ 在工作区中双击鼠标左键。

（2）单击"查找范围"右侧的下拉列表框或 按钮，在弹出的下拉列表中选择要打开图像文件所在的文件夹路径。

（3）在弹出的"打开"对话框中选择所需的图像文件，如图1-31所示。

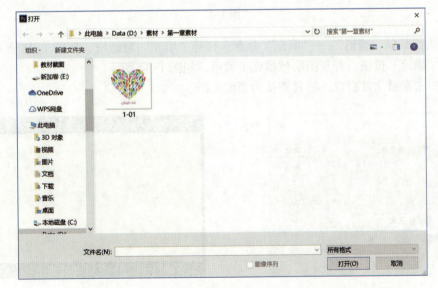

图 1-31

（4）单击"打开"按钮，即可将选择的图像文件在工作区中打开。

操作提示

弹出"打开"对话框后，按住 Ctrl 键，分别单击图像，可以选择多个非连续的图像；按住 Shift 键，分别单击图像，可以选择多个连续图像。选择多个图像后，单击"打开"按钮，即可将多个图像文件一起打开。

三、保存文件

对前面新建文档和打开的素材文件进行处理，然后将其保存。

（1）单击新建文档"绘制便签"窗口，将其切换为当前文档。

（2）单击工具箱中的"设置前景色"，此时弹出"拾色器"对话框，在右下角的文本框中输入颜色值为"fff799"，如图 1-32 所示。

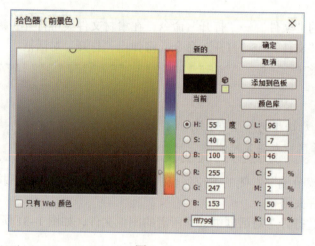

图 1-32

（3）执行菜单"编辑"→"填充"命令，打开"填充"对话框，按图 1-33 所示进行设置，单击"确定"按钮，背景图层被填充了黄色，如图 1-34 所示。

（4）单击素材文件窗口，将其切换为当前文档。

图 1-33

图 1-34

操作提示

使用快捷键 Alt+Delete 可以迅速为所选区域填充前景色，使用快捷键 Ctrl+Delete 可以迅速为所选区域填充背景色。

 相关知识

前景色和背景色

在工具箱中可以设置前景色和背景色，这在处理图像时特别有用。在默认情况下，工具箱中的前景色为黑色，背景色为白色。当想恢复到该默认状态时，可以单击"设置前景色"块左上方的 ■ 按钮，或者按快捷键 D。还可以将前景色和背景色互换，单击"设置前景色"右上方的 ⇄ 按钮即可。

（5）单击"图层"面板右上方的 ≡ 图标，弹出其命令菜单，选择"复制图层"命令，弹出"复制图层"对话框，如图 1-35 所示。单击"确定"按钮，这时可以看到"图层"面板中增加了一个新图层"背景 拷贝"，如图 1-36 所示。

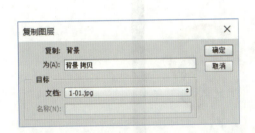

图 1-35

图 1-36

 操作提示

复制图层是在图像文件中或在图像文件之间复制内容的一种快捷方法。不仅可以在同一图像中复制图层，还可以在两幅不同的图像之间复制图层。复制图层除了可以运用上述方法外，还可以使用以下方法。

（1）使用控制面板按钮：将需要复制的图层拖拽到控制面板下方的"创建新图层"按钮上，可以将所选图层复制为一个新图层。

（2）使用菜单命令：选择"图层"→"复制图层"命令，弹出"复制图层"对话框。

（3）使用快捷键：按住 Alt 键的同时，单击鼠标左键并拖拽需要复制的图像。

（6）执行菜单"编辑"→"自由变换"命令或按 Ctrl+T 组合键，调出变换控制框，如图 1-37 所示。按下 Shift 键，移动鼠标至变换控制框右上方的控制点上，当光标呈双向箭头形状时，单击鼠标左键并向左下方拖拽，将图像按比例缩放至适当大小，如图 1-38 所示。按下 Enter 键确认缩放，如图 1-39 所示。

图 1-37

图 1-38

图 1-39

操作提示

自由变换命令主要用于图像大小的变换，在缩放时，一定要按下 Shift 键保持按比例缩放，确保图片不会发生变形。

（7）选择工具箱中的移动工具 ，拖动"背景 拷贝"图层到新建文档"绘制便签"中，如图 1-40 所示。

项目一　Photoshop CC 基础

图 1-40

操作提示

在使用 Photoshop 进行创作时，可以使用移动工具 将图像由一个文件复制到另一个文件中，也可以在当前文件中移动或复制图像，还可以对选择的图像进行变换、排列等操作。

相关知识

图　　层

图层是利用 Photoshop 进行图形绘制和图像处理的最基础和最重要的命令，可以说每一幅图像的处理都离不开图层的应用。在实际工作中，可以将图层想象成一张张叠起来的透明画纸。如果图层上没有图像，就可以一直看到底下的背景图层。通过新建图层可以将当前要编辑和调整的图像独立出来，然后在各个图层中分别编辑图像的每个部分。尤其对于后期修改，应用图层编辑是十分方便的。

（8）这时可以看到"图层"面板中增加了一个新图层"背景 拷贝"，如图 1-41 所示。在图层名上双击鼠标左键显示文本框，输入"心形"，按下 Enter 键确认，即对该图层重命名，如图 1-42 所示。

图 1-41　　　　　　　　　　　　图 1-42

- 19 -

（9）选择"心形"图层为当前图层。执行菜单"编辑"→"变换"→"旋转"命令（Ctrl+T组合键），调出变换控制框，如图1-43所示。移动鼠标至控制框右上方的控制点外，单击鼠标左键并向下拖拽，旋转至合适的角度后释放鼠标左键，按下Enter键确认旋转，如图1-44所示。

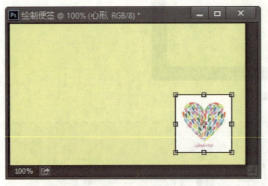

图1-43　　　　　　　　　　　　图1-44

（10）在"图层"面板上将"心形"图层混合模式设置为"正片叠底"，如图1-45所示，效果如图1-46所示。

 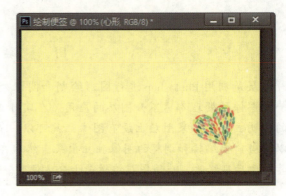

图1-45　　　　　　　　　　　　图1-46

（11）在"图层"面板底部单击"创建新图层"按钮，新建"图层1"，在图层名上双击鼠标左键显示文本框，输入"回曲针"，按下Enter键确认，即对新建图层重命名，如图1-47所示。

图1-47

（12）选择工具箱中的矩形工具组中的自定形状工具 ，单击工具属性栏中的"像素"选项。在"自定形状"拾色器中设置"形状"为"回曲针"，如图1-48所示。

图1-48

项目一　Photoshop CC 基础

（13）设置前景色为灰色（#d7d7d7）。移动鼠标至图像编辑窗口中，在按住 Shift 键的同时，单击鼠标左键并拖拽，绘制出适当大小的标准形状，如图 1-49 所示。

> **操作提示**
>
> 在"自定形状"拾色器中选择所需的形状，移动鼠标至图像编辑窗口中，在按住 Shift+Alt 组合键的同时单击鼠标左键并拖拽，可以绘制出一个以起点为中心的标准形状。

图 1-49

（14）按住 Ctrl+T 组合键，旋转"回曲针"至合适的角度。确认变换后，选择工具箱中的移动工具　，拖动"回曲针"至图像右上角位置，如图 1-50 所示。

（15）保存文件。执行菜单"文件"→"存储"命令或按 Ctrl+S 组合键，弹出"存储为"对话框，制定文件的保存路径，在格式下拉列表中选择文件格式为"PSD"，如图 1-51 所示。单击"保存"按钮即可将文件保存。最终效果如图 1-52 所示。

图 1-50

图 1-51

图 1-52

操作提示

　　文件的保存命令主要包括"存储"（Ctrl+S 组合键）和"存储为"（Ctrl+Shift+S 组合键）两种方式。对新建的文件进行编辑后保存，使用"存储"和"存储为"命令的性质是一样的，都是为当前文件命名并进行保存。但对打开的文件进行编辑后再保存，就要分清是用"存储"命令还是"存储为"命令。"存储"命令是将文件以原文件名进行保存，而"存储为"命令是将修改后的文件重命名后进行保存而保留原来文件。

1.5　项目拓展

拓展任务：熟练文件及图像操作

任务要求：

（1）打开一幅图像并分别将其保存为 PSD 格式、TIFF 格式和 JPEG 格式，观察并阐述这几个格式的图像的不同特点。

（2）打开一幅图像，练习 Photoshop CS3 窗口大小的调整方法。

（3）打开一幅图像，将画布以居中方式，在上下方向上扩大 20 像素，在左右方向上扩大 30 像素。

项目二
设计制作标志

标志是用来表现事物特征的特殊图形符号，它具有面向大众传播、造型简洁明了、寓意深刻、易识别和易记忆的特点。随着时代的进步，作为一种特殊的视觉图形，标志在当今社会各个领域都得到了广泛的应用，例如网站的徽标、企业标志、产品商标及公共场合的公共设施标志等。

◇ **知识目标**

（1）了解标志的作用、分类和艺术特点。
（2）明确标志的设计原则。

◇ **技能目标**

（1）掌握一些基本的设计方法。
（2）熟练绘图工具的使用方法与操作技巧。
（3）熟练路径的创建与编辑方法及路径与选区间的相互转换方法。
（4）熟练文字工具的使用方法及路径文字的创建与编辑方法。

2.1 项目描述

长春职业技术学校是隶属于长春市教育局的一所综合性职业学校。学校设有制造、电子、汽车、财经、信息、旅游等6大类12个专业（15个专业方向）。其中，数控技术、市场营销、计算机应用技术及酒店服务与管理4个专业为吉林省中等职业学校骨干示范专业。该校面向吉林省、长春市主导产业、支柱产业、特色产业培养高素质技能型人才。

客户要求：作为学校校标，需要充分体现学校办学特色及办学理念，突出学校形象，富有艺术感染力。

2.2 项目分析

在明确设计需求之后，对有效信息进行概括抽取，初步确定标志设计所要表达的主要信息：
① 综合性职业技术学校，校名：
中文：长春职业技术学校；
英文：CHANGCHUN VOCATIONAL SCHOOL OF TECHNOLOGY。
② 骨干示范专业：制造、电子、汽车、财经、信息、旅游等。
③ 办学定位、办学特色："工学结合"、职业教育与职业岗位技能培训并举。

2.3 项目准备

一、标志设计遵循的原则

标志设计应遵循的原则可简单概括为深刻、巧妙、新颖、独特、凝练、美观、概括、单纯、强烈、醒目。

二、标志设计的流程描述

1. 调研分析

商标、标志不仅仅是一个图形或文字的组合，它是依据企业的构成结构、行业类别、经营理念，并充分考虑商标、标志接触的对象和应用环境，为企业制定的标准视觉符号。在设计之前，首先要对企业做全面深入的了解，包括经营战略、市场分析及企业最高领导人员的基本意愿，这些都是商标、标志设计开发的重要依据。对竞争对手的了解也是重要的步骤，商标、标志的重要作用即识别性，就是建立在对竞争环境的充分掌握上的。

2. 要素挖掘

要素挖掘是为设计开发工作做进一步的准备。通过对调查结果的分析，提炼出商标、标志的结构类型、色彩取向，列出商标、标志所要体现的精神和特点，挖掘相关的图形元素，找出商标、标志设计的方向，使设计工作有的放矢，而不是对文字图形无目的地组合。

3. 设计开发

有了对企业的全面了解和对设计要素的充分掌握，可以从不同的角度和方向进行设计开发工作。通过设计师对商标、标志的理解，充分发挥想象，用不同的表现方式将设计要素融入设计中，商标、标志必须达到含义深刻、特征明显、造型大气、结构稳重、色彩搭配能适合企业，避免流于俗套或大众化。不同的商标、标志所反映的侧重点或表象会有所区别，经过讨论分析或修改，找出适合企业的商标、标志。

4. 标志修正

提案阶段确定的商标、标志可能在细节上还不太完善，通过对商标、标志的标准制图、大小修正、黑白应用、线条应用等不同表现形式的修正，使商标、标志使用更加规范，同时，商标、标志的特点、结构在不同环境下使用时也不会丧失，实现统一、有序、规范地传播。

本项目以设计制作某职业技术学校校标为例（如图2-1所示），介绍利用 Photoshop CC 软件设计制作标志的操作步骤，使读者能进一步加深对标志设计的理解，为下一步独立设计打下良好的基础。

设计说明：

① 校标设计是将学校的英文名称"CHANGCHUN VOCATIONAL SCHOOL OF TECHNOLOGY"的英文单词首写字母"CCVOST"巧妙变形（注：O 为中间的齿轮，S 为 V、T 兼用，体现了工学

图 2-1

项目二 设计制作标志

兼修的理念），并与能鲜明体现培养技能职业类学校属性的"齿轮"融合在一起，既如明亮的眼睛，具有很强的视觉张力和文化意蕴，又能直观传达学校培养专业技术工人的内涵。校标外环为不同风格的中、英文"长春职业技术学校"组合，醒目地推出长春职业技术学校校名。

② 校标整体为圆形，"圆"给人以凝聚力，象征着学校团结协作、互助关爱的团队精神，同时，也体现着学校的办学定位、办学特色：工学结合，职业教育与职业岗位技能培训并举，多类型、多形式、多规格地培养面向先进制造业、现代化科技行业及现代化服务业的技能型人才的办学理念。

③ 徽标整体以蓝色为主色，象征智慧、严谨、深厚、典雅、对前程充满希望、时代感突出，同时也体现着学校无限发展，放眼社会、放眼未来，永做排头的勇气和信心！

2.4 项目实施

在充分解读该标志的设计过程后，来亲身感受下标志的制作过程。绝大部分标志都包含两个主要组成部分：图形部分和文字部分。这里把该标志制作分为两个任务：图形制作和文字制作。

任务一：图形制作

（1）打开 Photoshop CC，执行菜单栏中的"文件"→"新建"命令或使用 Ctrl+N 组合键，打开"新建"对话框，各项参数设置如图 2-2 所示。单击"确定"按钮，创建"学校 LOGO.psd"文件。

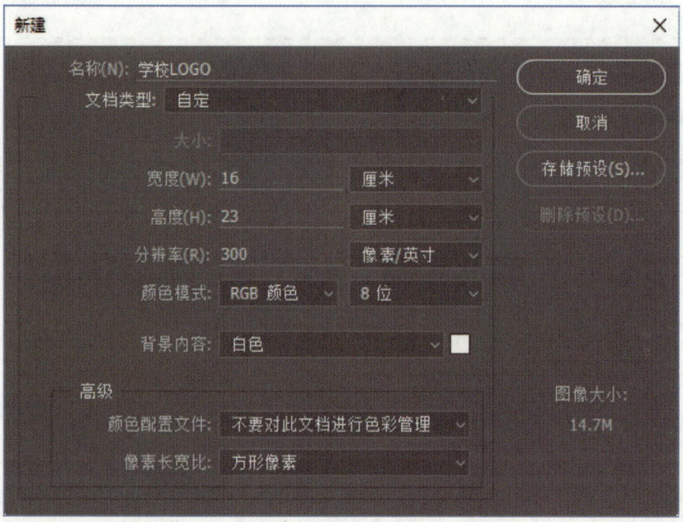

图 2-2

首先制作图形核心部分的字母"V"。

（2）执行菜单栏中的"视图"→"标尺"命令或使用 Ctrl+R 组合键，打开标尺，右键单击标尺区域，在弹出的快捷菜单中选择"厘米"选项。

（3）从水平标尺拖动，以创建水平参考线，如图 2-3 所示。
（4）使用以上方法创建其他参考线，如图 2-4 所示。

图 2-3

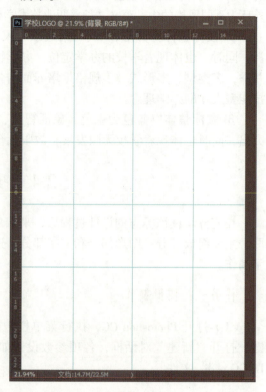

图 2-4

> **操作提示**
>
> 从水平或垂直标尺拖动，以创建与标尺刻度对齐的参考线。拖动参考线时，指针变为双箭头。

（5）选择工具箱中的"钢笔"工具 ，参照参考线位置，绘制如图 2-5 所示的路径。

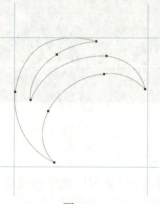

图 2-5

项目二　设计制作标志

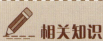

路　　径

路径工具极大地增强了 Photoshop CC 处理图像的功能，它可以用来绘制路径、剪切路径和填充区域。

（6）打开"路径"面板，如图 2-6 所示。单击"路径"面板底部的"将路径作为选区载入"按钮 或按 Ctrl+Enter 组合键，将路径转换为选区，如图 2-7 所示。

图 2-6

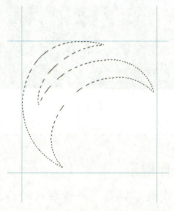

图 2-7

操作提示

要闭合路径时，将"钢笔"工具 定位在第一个空心锚点上。如果放置的位置正确，钢笔工具指针旁将出现一个小圆圈。

（7）打开"图层"面板，单击"图层"面板下方的"创建新图层"按钮 ，生成"图层 1"，如图 2-8 所示。选择工具箱中的"渐变"工具 ，在属性栏中单击"点按可编辑渐变"栏，打开"渐变编辑器"对话框，将最左侧色标颜色设置为淡蓝色（R:2，G:142，B:217），将最右侧色标颜色设置为蓝色（R:31，G:51，B:137），如图 2-9 所示。单击"确定"按钮退出该对话框。在属性栏中选择"径向渐变"按钮 ，将鼠标指针定位在选区要设置为渐变起点的位置，然后拖动至终点位置，效果如图 2-10 所示。按 Ctrl+D 组合键取消选区。

图 2-8

- 27 -

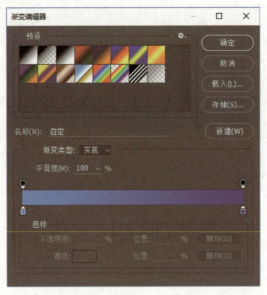
图 2-9

图 2-10

操作提示

在"渐变编辑器"对话框内的"色标"选项组中，单击"更改所选色标的颜色"显示窗可打开"选择色标颜色"对话框，这时可对颜色进行相应的编辑。将指针定位在渐变条上，此时指针变成吸管状，单击以采集色样。

（8）单击"图层"面板下方的"创建新图层"按钮 ，生成"图层 2"。选择工具箱中的"钢笔"工具，绘制如图 2-11 所示路径。按 Ctrl+Enter 组合键将路径转换为选区，如图 2-12 所示。

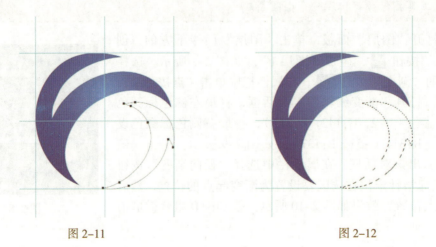

图 2-11　　　　　　　　　　　　图 2-12

（9）设置前景色为黑色，按 Alt+Delete 组合键选区填充前景色，按 Ctrl+D 组合键取消选区，效果如图 2-13 所示。

项目二　设计制作标志

（10）单击"图层"面板下方的"创建新图层"按钮，生成"图层 3"。

（11）选择工具箱中的"矩形"工具，鼠标左键长按"矩形"工具，弹出"矩形"工具组中的所有工具，如图 2-14 所示。选择其中的"多边形"工具，在属性栏中设置边为"12"，如图 2-15 所示。单击属性栏中的 按钮，在弹出的面板中进行设置，如图 2-16 所示。参照参考线位置，按住 Shift+Alt 组合键，拖动鼠标从中心绘制多边形路径，如图 2-17 所示。

（12）选择工具箱中"矩形"工具组中的"椭圆"工具，参照参考线位置，按住 Shift+Alt 组合键，拖动鼠标绘制与前面制作的多边形路径同心的正圆形路径，如图 2-18 所示。

图 2-13

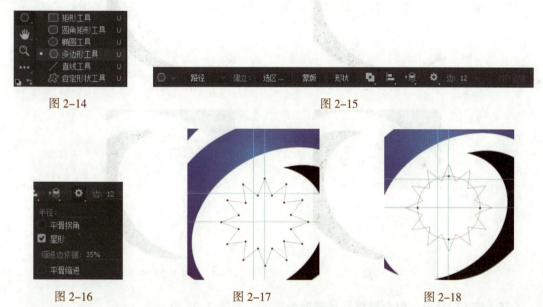

图 2-14　　　　　　　　图 2-15

图 2-16　　　　　图 2-17　　　　　图 2-18

（13）选择工具箱中的"路径选择"工具，按住 Shift 键，将同心的多边形路径和正圆形路径同时选择，如图 2-19 所示。单击属性栏中的"路径操作"按钮，在弹出的面板中选择"合并形状"，如图 2-20 所示。再次单击属性栏中的"路径操作"按钮，在弹出的面板中选择"合并形状组件"，在弹出的如图 2-21 所示的对话框中单击"是（Y）"按钮，效果如图 2-22 所示。

（14）选择工具箱中"矩形"工具组中的"椭圆"工具，参照参考线位置，按住 Shift+Alt 组合键，拖动鼠标绘制与前面合并后的路径同心的正圆形路径，如图 2-23 所示。

（15）选择工具箱中的"路径选择"工具，按住 Shift 键，将合并后的路径和正圆形路径同时选中，如图 2-24 所示。单击属性栏中的"路径操作"按钮，在弹出的面板中选择"与形状区域相交"。再次单击属性栏中的"路径操作"按钮，在弹出的面板中选择"合并形状组件"，效果如图 2-25 所示。

- 29 -

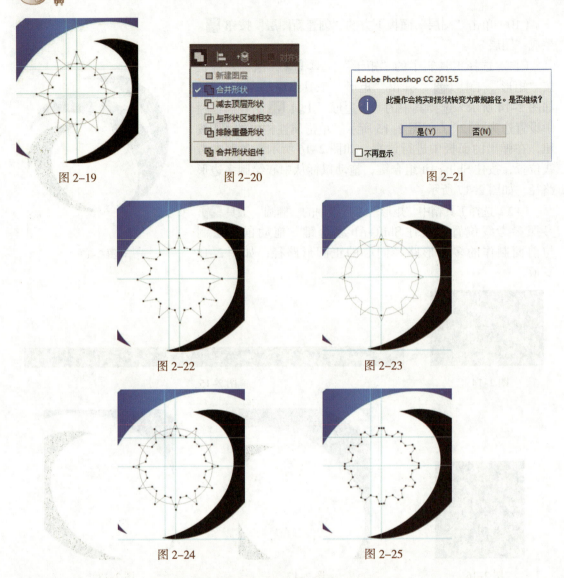

图 2-19　　　　　　　图 2-20　　　　　　　图 2-21

图 2-22　　　　　　　　　　　　图 2-23

图 2-24　　　　　　　　　　　　图 2-25

（16）按 Ctrl+Enter 组合键将路径转换为选区，如图 2-26 所示。

（17）选择工具箱中的"渐变"工具 ■，为选区填充渐变，如图 2-27 所示。按 Ctrl+D 组合键取消选区。

图 2-26

图 2-27

项目二 设计制作标志

操作提示

一般情况下,使用渐变工具设置了某种渐变效果,当再次使用时,系统将会把之前设置的渐变效果暂时保存在渐变库中,用户可以直接使用上一次设置的渐变效果。

(18)单击"图层"面板下方的"创建新图层"按钮,生成"图层4"。

(19)选择工具箱中的"椭圆选框"工具,参照参考线位置,按住Shift+Alt组合键,拖动鼠标创建如图2-28所示正圆形选区。

(20)选择工具箱中的"渐变"工具,为选区填充渐变,如图2-29所示。

图2-28

图2-29

(21)按Ctrl+D组合键取消选区。单击"图层"面板中"背景"图层左侧的眼睛图标,隐藏"背景"层。执行菜单栏中的"图层"→"合并可见图层"命令,将其余4个图层合并为"图层1"。再次单击"图层"面板中"背景"图层左侧的眼睛图标位置,显示"背景"层。"图层"面板如图2-30所示,效果如图2-31所示。至此,完成校标图形部分的制作。

图2-30

图2-31

任务二：文字制作

（1）单击"图层"面板下方的"创建新图层"按钮，生成"图层2"。

（2）选择工具箱中的"椭圆"工具，参照参考线位置，按住 Shift+Alt 组合键，拖动鼠标绘制正圆形路径，如图 2-32 所示。

（3）用同样方法选择工具箱中的"椭圆"工具，参照参考线位置，按住 Shift+Alt 组合键，拖动鼠标绘制正圆形路径，如图 2-33 所示。

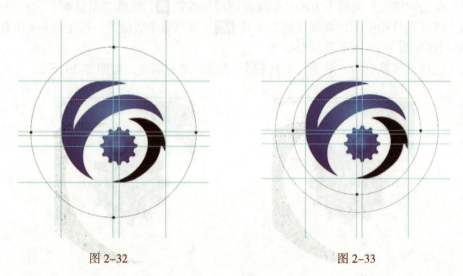

图 2-32   图 2-33

（4）选择工具箱中的"路径选择"工具，按住 Shift 键，将图 2-32 和图 2-33 所示正圆形路径同时选中，如图 2-34 所示。单击属性栏中的"路径操作"按钮，在弹出的面板中选择"合并形状"。再次单击属性栏中的"路径操作"按钮，在弹出的面板中选择"合并形状组件"。按 Ctrl+Enter 组合键将路径转换为选区，如图 2-35 所示。

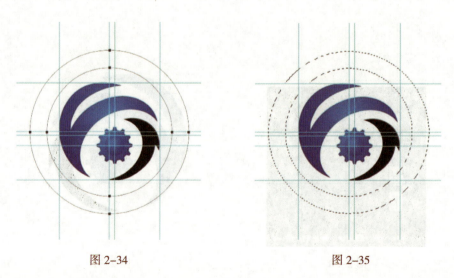

图 2-34   图 2-35

（5）选择工具箱中的"渐变"工具 ▬，为选区填充渐变，如图 2-36 所示。按 Ctrl+D 组合键取消选区。

（6）选择工具箱中的"椭圆"工具 ◯，参照参考线位置，按住 Shift+Alt 组合键，拖动鼠标绘制正圆形路径，如图 2-37 所示。

图 2-36

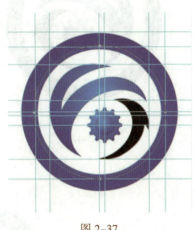
图 2-37

（7）选择工具箱中的"横排文字"工具 T，属性栏设置如图 2-38 所示。将鼠标光标放在路径上，鼠标光标将变为图标，单击路径，出现闪烁的光标，如图 2-39 所示，此处为输入文字的起始点。输入的文字如图 2-40 所示。

图 2-38

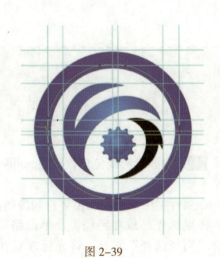
图 2-39

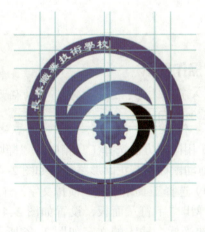
图 2-40

（8）拖动光标，将所输入的文字全部选中，如图 2-41 所示。执行菜单栏中的"窗口"→"字符"命令，弹出"字符"面板，将"设置所选字符的字符间距调整"选项设置为"850"，如图 2-42 所示。按 Enter 键确认操作，文字效果如图 2-43 所示。

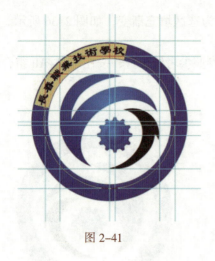

图 2-41

图 2-42

图 2-43

 操作提示

输入完文本后，选择工具箱中的任意工具，或者执行任何可用的菜单命令，即可结束文字的输入。

（9）用同样方法选择工具箱中的"椭圆"工具，参照参考线位置，按住 Shift+Alt 组合键，拖动鼠标绘制正圆形路径，如图 2-44 所示。

（10）选择工具箱中的"横排文字"工具，在属性栏中单击"切换字符和段落面板"按钮，弹出"字符"面板，设置如图 2-45 所示。将鼠标光标放在路径上，单击路径，出现闪烁的光标，输入的文字如图 2-46 所示。选择"路径选择"工具，将光标放置在文字上，鼠标光标显示为图标，将文字向路径内部拖拽，可以沿路径翻转文字，效果如图 2-47 所示。

（11）单击"图层"面板下方的"创建新图层"按钮，生成"图层 3"。

图 2-44

图 2-45

图 2-46

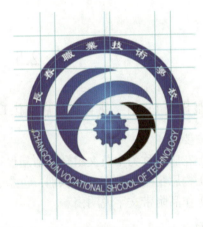

图 2-47

（12）选择工具箱中的"椭圆选框"工具 ，参照参考线位置，按住 Shift+Alt 组合键，拖动鼠标创建如图 2-48 所示正圆形选区。

（13）选择工具箱中的"渐变"工具 ，为选区填充渐变，如图 2-49 所示。按 Ctrl+D 组合键取消选区。

（14）按 Ctrl+J 组合键复制"图层 3"，生成"图层 3 拷贝"。参照参考线位置，按住 Shift 键，拖动鼠标，水平移动图像至如图 2-50 所示位置。

图 2-48

图 2-49

图 2-50

（15）执行菜单栏中的"视图"→"显示额外内容"命令，命名前的"√"取消，此时编辑窗口中的参考线被隐藏，效果如图 2-51 所示。至此，完成校标的制作。

图 2-51

2.5　项目拓展

拓展任务 1：为"花舍"花店设计 LOGO

客户要求：
（1）花店名称为中英文组合，清新设计，尽量简洁。
（2）构思精巧、易记、易识别，色彩、构图不局限，由设计人自由创作。
（3）作品附带文字说明稿。

拓展任务 2：为"宝酷儿"童装品牌设计标志

客户要求：
（1）标志图文结合，清晰大方。
（2）构思精巧、易记、易识别，色彩、构图不局限，由设计人自由创作。
（3）作品附带文字说明稿。

项目三
排版制作证件照

证件照即各种证件上用来证明身份的照片。证件照要求是免冠（不戴帽子）正面照，照片上正常应该看到人的两耳轮廓和相当于男士喉结处的地方，背景色多为红、蓝、白3种，尺寸大小多为1寸或2寸。日常生活中，证件照随处都要用到，比如上学报名、考驾照、办理各种证件等，有的需要电子版的，有的则需要洗出来。每次去照相馆照，不仅麻烦，而且价格又高。提前保存排版好的证件照，在需要的时候能立即调出打印是很有必要的。

◇**知识目标**
（1）了解标准证件照片的标准、类型、规格、尺寸及用途。
（2）明确制作和排版方法。

◇**技能目标**
（1）掌握一些基本的设计方法。
（2）熟练图层蒙版的使用方法与操作技巧。
（3）熟练通道的创建与编辑方法及通道与选区间的转换方法。
（4）结合蒙版、通道、路径、选区抠取图像，去除背景。
（5）掌握动作的录制及使用。

3.1 项目描述

在日常生活中，经常需要办各种各样的证件，因此必然要用到证件照。证件照的类型很多，背景通常为白底、蓝底和红底等，有时自己拥有的照片背景颜色不符合规定，或者只有普通的生活照片，但又不想去照相馆照，这时就可以自己动手更换证件照背景颜色并制作标准尺寸的证件照片了。

任务要求：用一张普通的照片制作1寸证件照，底色为红色，并为证件照排版。

3.2 项目分析

本项目中提供的素材为普通照片，需要利用Photoshop软件进行换底操作，不过对于边缘头发丝较多，特别是女生的证件照，要进行换底还是需要一定技巧的。本项目中通过用红底来替换灰底进行操作，其他颜色互转类似。一般打印证件照的相纸都是5寸的，当需要打印1寸证件照时，就需要为1寸证件照进行排版。在明确任务要求之后，确定利用普通照片来排版制作证件照，需要对素材照片进行裁剪、背景处理、排版布局等。

3.3 项目准备

证件照即免冠（不戴帽子）正面照片，照片上正常应该看到人的两耳轮廓和相当于男士的喉结处的地方，照片尺寸可以为1寸或2寸，要穿有领子的衣服，不能化浓妆，不能染发，以免影响真实面貌，只可以涂淡淡的口红，要见耳朵、颈部，头上不戴任何装束。各情况标准不一，标准证件照可以对应其标准自己照，特殊情况须询问当事部门并到指定的照相馆照。

一、证件照标准

1. 驾驶证

《中华人民共和国道路交通安全法》申请机动车驾驶证人员的标准相片应为持证者本人免冠1寸相片。

① 白色背景的彩色正面相片，矫正视力者须戴眼镜。
② 其规格为 22 mm×32 mm，人头部约占相片长度的 2/3。

2. 身份证

《居民身份证》（第二代）照片标准为《公安部制定〈居民身份证〉制证用数字相片技术标准》（GA 461—2004）。

① 照片规格：358 像素（宽）×441 像素（高照片规格），分辨率 350 dpi，照片尺寸为 32 mm×26 mm。
② 颜色模式：24 位 RGB 真彩色。
③ 要求：公民本人正面免冠彩色头像，头部占照片尺寸的 2/3，不着制式服装或白色上衣，常戴眼镜的居民应配戴眼镜，白色背景无边框，人像清晰，层次丰富，神态自然，无明显畸变。
④ 人像在相片矩形框内水平居中，脸部宽（207±14）像素，头顶发迹距相片上边沿 7～21 像素，眼睛所在位置距相片下边沿的距离不小于 207 像素。当头顶发迹距相片上边沿距离与眼睛所在位置距相片下边沿的距离不能同时满足上述要求时，应优先保证眼睛所在位置距相片下边沿的距离不小于 207 像素，特殊情况下可部分切除耸立过高的头发。

3. 护照

2012 年 7 月 17 日起，公安局出入境管理部门开始受理、签发新版《中华人民共和国普通护照》，这也是新中国成立以来使用的第 13 版护照。

① 着白色服装的，用淡蓝色背景；着其他颜色服装的，最好使用白色背景。
② 人像要清晰、层次丰富、神态自然。
③ 公职人员不着制式服装，儿童不系红领巾。
④ 尺寸为 48 mm×33 mm，头部宽度 21～24 mm，头部长度 28～33 mm。

4. 规格

非移民签证申请照片要求：
每一份申请都需附申请人正面，无边框的，拍摄于 6 个月内的照片一张。"正面"是指申请人拍照时需要正对照相机,眼光不能向下看或斜视,脸部需占整张照片的50%。虽然由于发型的不同,很难严格地定义"脸部",总体上说,是指申请人的头部,包括脸和头发;上下从头顶到下巴;左右至两边发际,如露出耳朵则更佳。关键的要求是从照片可以清晰地辨别申请人。

照片的尺寸为 2 in × 2 in(大约为 50 mm × 50 mm),头像居于正中。头部(从头顶至下巴底)在 $1 \sim 1\frac{3}{8}$ in 之间(即 25 ~ 35 mm),眼睛到照片底部的距离为 $1\frac{1}{8} \sim 1\frac{3}{8}$ in(即 28 ~ 35 mm)。可以是白色或浅色背景的彩色或黑白照片,照片无边框,需被订在或粘贴在护照或非移民签证申请表格上。如照片是被装订的,钉子必须尽量远离申请人脸部。照片背景如有花纹或图案或呈深色,将不被接受。

二、证件照尺寸

1 英寸证件照尺寸:25 mm × 35 mm,在 5 寸相纸(12.7 cm × 8.9 cm)中排 8 张。

2 英寸证件照尺寸:35 mm × 49 mm,在 5 寸相纸(12.7 cm × 8.9 cm)中排 4 张。

3 英寸证件照尺寸:35 mm × 52 mm。

港澳通行证证件照尺寸:33 mm × 48 mm。

赴美签证证件照尺寸:51 mm × 51 mm。

日本签证证件照尺寸:45 mm × 45 mm。

小二寸证件照尺寸:35 mm × 45 mm。

护照证件照尺寸:33 mm × 48 mm。

毕业生证件照尺寸:33 mm × 48 mm。

身份证证件照尺寸:22 mm × 32 mm。

驾照证证件照尺寸:22 mm × 32 mm。

车照证证件照尺寸:60 mm × 91 mm。

本项目以排版制作 1 寸证件照为例(如图 3-1 所示),介绍 Photoshop CC 软件排版制作 1 寸标准证件照的操作步骤,使读者能进一步了解 Photoshop 软件的功能,为下一步独立设计制作作品打下良好的基础。

素材　　　　　效果1　1寸证件照

图 3-1

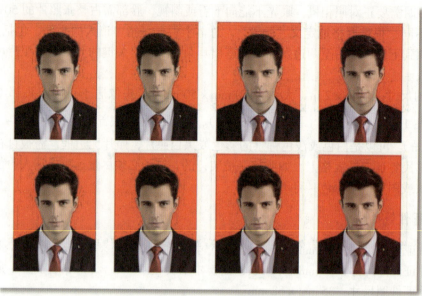

效果2　1寸证件照排版

图 3-1（续）

3.4　项目实施

根据对素材的分析，本项目的完成可以分为两个主要组成部分：裁剪图像更换背景色和照片排版，这里把该项目的制作分为 3 个任务：制作 1 寸标准证件照、排版 1 寸标准证件照、录制动作一键排版。

任务一：制作 1 寸标准证件照

（1）打开 Photoshop CC，执行菜单栏中的"文件"→"打开"命令或使用 Ctrl+O 组合键，打开"人物 .jpg"文件，如图 3-2 所示。

（2）单击工具箱中"裁剪"工具 ，设置属性栏，如图 3-3 所示。然后在照片上直接拉出要裁剪的范围，如图 3-4 所示。最后在裁剪框内双击，确认裁剪，效果如图 3-5 所示。

（3）按键盘上的 Ctrl+J 组合键，复制"背景"图层并生成"图层 1"。

（4）执行"窗口"→"通道"命令，打开"通道"面板，如图 3-6 所示。拖动"蓝"通道至"通道"面板下方的"新建"按钮 ，复制生成"蓝 拷贝"通道，"通道"面板如图 3-7 所示。

图 3-2

图 3-3

图 3-4	图 3-5

图 3-6	图 3-7

操作提示

制作前要选择对比度大的通道，这样在处理图像时会比较容易。在对通道进行操作之前，为了避免误操作而无法恢复图像，应备份好该通道。

（5）选择"蓝 拷贝"通道，执行"图像"→"调整"→"色阶"命令或使用 Ctrl+L 组合键，在"色阶"对话框中将直方图下的白色滑块向左拖动，图像的白色区域更白、更清晰。同时，将直方图下的黑色滑块向右拖动，图像的黑色区域更黑、更清晰，如图 3-8 所示。这样减少中间调部分，增加暗调和高光，使头发和背景很好地分开，效果如图 3-9 所示。

（6）选择工具箱中的"画笔"工具，将前景色设为黑色，将人物头发部分涂成黑色，如图 3-10 所示。执行"图像"→"调整"→"反相"命令或使用 Ctrl+I 组合键，将通道中的图像反相显示，如图 3-11 所示。

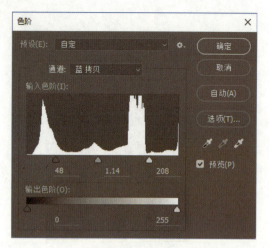
图 3-8

图 3-9

图 3-10

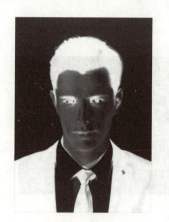
图 3-11

（7）按住 Ctrl 键，单击"蓝 拷贝"通道，得到选区，如图 3-12 所示。选择"RGB"通道，并按 Ctrl+J 组合键把选区部分人物复制到新的图层"图层 2"。"图层"面板如图 3-13 所示。隐藏"背景"和"图层 1"，效果如图 3-14 所示。

图 3-12

图 3-13

图 3-14

（8）隐藏"图层 2"，显示"图层 1"，并选择"图层 1"为当前图层。选择工具箱中的"钢笔"工具，在属性栏的"选择工具模式"栏中选择"路径"选项，绘制如图 3-15 所示闭合路径。"路径"面板如图 3-16 所示。

图 3-15

图 3-16

（9）单击"路径"面板下方的"将路径转换为选区载入"按钮或按 Ctrl+Enter 组合键，将路径转化为选区，如图 3-17 所示。按 Ctrl+J 组合键复制选区中的图像到新的图层，得到"图层 3"，隐藏"图层 1"。"图层"面板如图 3-18 所示，效果如图 3-19 所示。

图 3-17

图 3-18

图 3-19

（10）在"图层"面板中显示"图层 2"并选择"图层 2"为当前图层。执行"图层"→"向下合并"命令或使用 Ctrl+E 组合键，向下合并图层。"图层"面板如图 3-20 所示，效果如图 3-21 所示。

（11）选择"图层 1"为当前图层，单击"图层"面板下方的"创建新图层"按钮，生成"图层 4"。设置前景色为红色（R:255，G:0，B:0），按 Alt+Delete 组合键为"图层 4"填充前景色。"图层"面板如图 3-22 所示，效果如图 3-23 所示。

（12）执行菜单栏中的"文件"→"存储为"命令，将文件分别以"1 寸证件照 .jpg"及"1 寸证件照 .psd"两种格式进行保存，至此，完成利用普通照片制作 1 寸红底证件照任务。

图 3-20

图 3-21

图 3-22

图 3-23

任务二：排版 1 寸标准证件照

（1）打开 Photoshop CC，执行菜单栏中的"文件"→"打开"命令，或使用 Ctrl+O 组合键打开"1 寸证件照 .jpg"文件。

（2）执行菜单栏中的"图像"→"画布大小"命令，打开"画布大小"对话框，按图 3-24 所示进行设置。单击"确定"按钮扩大画布，给 1 寸证件照加白边。效果如图 3-25 所示。

图 3-24

图 3-25

（3）在"图层"面板中用鼠标左键双击"背景"图层，弹出如图 3-26 所示"新建图层"对话框，单击"确定"按钮将"背景"图层转换为普通图层"图层 0"，"图层"面板如图 3-27 所示。单击"图层"面板下方的"创建新图层"按钮 ，生成"图层 1"。在"图层"面板中按鼠标左键，将"图层 1"拖动至"图层 0"下方。"图层"面板如图 3-28 所示。

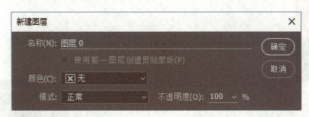

图 3-26

图 3-27

图 3-28

（4）执行菜单栏中的"图像"→"画布大小"命令，打开"画布大小"对话框，设置如图 3-29 所示。单击"确定"按钮扩大画布，效果如图 3-30 所示。

（5）为"图层 1"填充白色（R:255，G:255，B:255）。选择"图层 0"为当前图层，连续按 Ctrl+J 组合键 3 次，生成"图层 0 拷贝""图层 0 拷贝 2""图层 0 拷贝 3"，如图 3-31 所示。

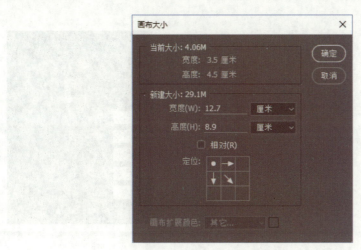

图 3-29

图 3-30

图 3-31

（6）按住 Ctrl 键的同时，选中"图层 0 拷贝 3"和"图层 1"，在属性栏中单击"右对齐"按钮，效果如图 3-32 所示。再按住 Ctrl 键，依次选择"图层 0 拷贝 3""图层 0 拷贝 2""图层 0 拷贝"和"图层 0"，将 4 个图层同时选中，在属性栏中单击"水平居中分布"按钮，效果如图 3-33 所示。

图 3-32

图 3-33

（7）将"图层"面板中"图层0拷贝3""图层0拷贝2""图层0拷贝"和"图层0"同时选中，按鼠标右键，在弹出的命令菜单中选择"合并图层"命令，将4个图层合并为"图层0拷贝3"，"图层"面板如图3-34所示。"图层0拷贝3"为当前图层，按Ctrl+J组合键生成"图层0拷贝4"。"图层"面板如图3-35所示。

图 3-34

图 3-35

（8）按住Ctrl键的同时，选中"图层0拷贝4"和"图层1"，在属性栏中单击"底对齐"按钮 。效果如图3-36所示。

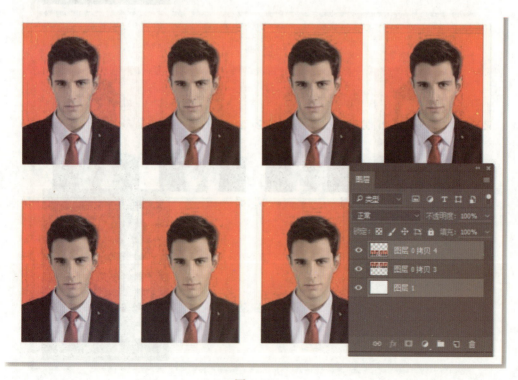

图 3-36

（9）执行菜单栏中的"文件"→"存储为"命令，将文件分别以"1寸证件照排版 .jpg"及"1寸证件照排版 .psd"两种格式进行保存，至此，完成 1 寸红底证件照排版任务。最终效果如图 3-37 所示。

图 3-37

任务三：录制动作一键排版

在为标准证件照排版时，可将操作录制成动作，设置快捷键，实现一键排版。

（1）打开"1寸证件照 .jpg"文件后，执行菜单栏中的"窗口"→"动作"命令或按 Alt+F9 组合键，打开"动作"面板，如图 3-38 所示。单击"动作"面板下方的"新建动作"按钮，打开"新建动作"对话框，设置"名称"为"1寸照片排版"、"功能键"为"F2"，如图 3-39 所示。单击"记录"，在"动作"面板中生成新建的动作"1寸照片排版"，"开始记录"按钮呈红色，表示开始录制。"动作"面板如图 3-40 所示。

图 3-38

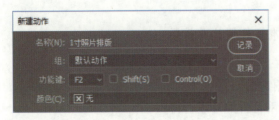

图 3-39

图 3-40

> **操作提示**
>
> 在"新建动作"对话框中,主要选项的含义如下。
> ● 功能键:在该下拉列表中可以选择一个功能键,在播放动作时,可直接按该功能键播放动作。
> ● 颜色:在该下拉列表中可以选择一个颜色,作为按钮模式下新动作的颜色。

(2)从任务二的第(2)步开始操作一直到第(8)步,鼠标左键单击"动作"面板下方的"停止播放/记录"按钮 ■,结束录制。效果如图3-41所示。

图 3-41

(3)现在只要打开一幅图像,将其裁剪为1寸照片大小(即宽2.5 cm,高3.5 cm),按一下键盘上的F2键,就可以实现一键排版。

3.5 项目拓展

拓展任务:为自己或朋友制作标准证件照片并排版

任务要求:
(1)制作指定背景色的标准尺寸证件照片。
(2)根据打印设备及打印材质要求对证件照片进行排版。
(3)打印输出证件照片。

项目四
加工和处理数码照片

随着数码影像的飞速发展,数码摄影以其突出的优越性取代了传统的摄影。在应用数码照片时,会发现由于拍摄或其他原因导致存在这样或那样的问题,如照片偏色、构图不合理、照片中存在瑕疵等。要想获得图像效果、构图和色彩都十分完美的数码照片,除了需要有很好的摄影技巧外,还需要会用专业的图像后期处理软件对数码照片进行处理。

◇ 知识目标

(1)了解一些数码照片常用处理技法。
(2)明确数码照片后期处理的原则及处理流程。

◇ 技能目标

(1)掌握 Photoshop 在数码照片处理中的综合应用。
(2)掌握在 Photoshop 中修饰与修复数码照片的方法与技巧。
(3)掌握在 Photoshop 中调整数码照片色彩色调的方法与技巧。
(4)掌握在 Photoshop 中合成数码图像的方法与技巧。

4.1 项目描述

由于学校大门是学校的一个标志性的建筑和地点,而学校大门照片常用于印刷报纸、杂志、书籍、宣传单页等用途,因此对照片的要求较高。本项目就是要对某职业学校大门照片进行后期修整。

4.2 项目分析

数码照片的后期处理是建立在准确的图像分析上的。准确分析原照片的缺陷,在发现原图像的问题后,才能通过后期软件一步一步将这些问题修补回来。本项目要处理的照片能够找到的问题如图4-1所示。

序号①:前期拍摄过程中,受器材或环境所限,拍出的照片主体(校门)不够突出,构图不够好,地面区域过大,需要进行裁剪。

序号②:照片中有杂乱的电线,为了使整个画面整洁、干净,需要将天空中的电线去除。

序号③:照片中有多余的人物,为了增强图片的视觉效果,需要将多余的人物去除。

图 4-1

序号④：照片中天空比较灰，没有云层的立体感，为了弥补拍摄时客观条件的不足，可以采用换天空的方法进行处理。

除了上述问题外，照片中还存在着很多不足，例如受环境光线的影响，照片的色彩和色调与真实的场景有偏差，画面对比不够突出，这些都需要在后期处理过程中进行补救。

4.3 项目准备

数码照片后期处理指通过数码相机或扫描仪将数码照片输入电脑，并对数码照片进行色彩平衡、尺寸大小、合成渲染等再处理，从而实现照片的美化，最终完成拍摄者的艺术表达。目前数码照片后期处理通常使用 Photoshop 软件，Photoshop 软件是 Adobe 公司开发的专业图像编辑软件，也是世界著名的平面设计软件，简称 PS，它具有强大的绘图、校正图片及图像创作功能。它不仅可以对数码照片进行瑕疵修复，还可以对照片进行进一步的艺术处理，提升照片画面质量的同时，使照片更趋于完美。

一、数码照片的基本处理

在数码照片的应用中，经常会发现数码照片存在构图、变形的问题，这时可以根据需要对数码照片进行校正、裁剪及大小调整。

1. 数码照片倾斜校正

由于拍摄或其他因素，有可能将照片拍摄成倾斜状，这时可以使用 Photoshop 中"图像"菜单下的"图像旋转"命令进行旋转校正。方法：

① 打开数码照片，单击"标尺工具"，根据照片倾斜的角度从左向右拖拽出一条标尺线，即为照片要更改的角度线，此时在属性栏中可以看到标尺的准备位置的角度。

② 接下来利用"图像"菜单下的"图像旋转"中的"任意角度"命令，进行旋转角度的输入及参数设置，确定后数码照片就可按照要求的角度进行旋转了。

③旋转后，数码照片中会出现不必要的部分，此时可以采用裁剪工具进行数码照片的裁切。

在 Photoshop 中不仅可以将倾斜的照片调整为正确的角度位置，角度正确的照片也可以通过调整使其倾斜，从而达到另一种效果。

2. 数码照片裁剪

对于照片中多余的画面，为了突出主题，可以使用裁剪工具对照片多余的部分进行裁剪，减少影响照片效果的图像因素。裁剪过程中，可以根据需要进行裁剪尺寸及分辨率的设置。

对于拍摄物的变形问题，可以采用"透视裁剪工具"进行校正。在照片的裁切中，为了使照片中的主题人或物位于照片中的最佳位置，应该把握以下两方面的原则：

① 尽量将主题人或物放在黄金分割的位置，主题人或物不宜过大，也不宜过小。

② 尽量将画面中与主题无关的形象去掉。

3. 数码照片存储容量大小调整

在日常生活中，经常需要将照片上传到网上，由于受到网络空间的限制及图片的浏览速度的要求，一些网站对用户上传的图片大小进行了规定。例如，在进行网上考试报名时，要求考生上传的照片大小不得超过几十 KB。怎样将一张 MB 的证件照片转换为 KB 的照片呢？方法如下。

（1）在 Photoshop 中打开要调整的照片，选择"图像"菜单中的"图像大小"命令。

（2）为了保证照片不变形，首先要将"约束比例"复选框选中，再在"图像大小"区域中将宽度和高度值调整到要求的尺寸。此外，也可适当降低"分辨率"的值，以降低图像所占空间的大小。

（3）在进行图像大小调整后，会发现照片比原来小了很多，但依然不能达到上传照片的要求大小，此时可对照片进行"输出为 Web 所用格式"设置。在打开的对话框中进行参数设置，参数设置要在不影响照片浏览效果的情况下进行调整。

（4）最后存储为 JPG 格式的文件，即可达到上传照片要求的大小。

二、数码照片色彩色调调整

在数码照片后期的修饰中，色彩校正是非常重要的一项内容。拍摄完成的数码照片，往往由于拍摄或其他原因造成照片的色彩和色调与真实的场景有偏差，利用 Photoshop 中各种调整命令，可以修复照片中色调、光影等方面的问题，使数码照片的色彩感觉得到最好的体现。色彩校正包括对色调进行细微的调整、改变对图像的对比度和色彩等。Photoshop 中，"图像"菜单下有很多关于色彩调整的命令，通过这些命令可以对图像进行色彩的粗略调整和精确调整，可以调整数码照片偏色、曝光等一些问题。

Photoshop 中最常用到的调整工具是"色阶"和"曲线"。"色阶"和"曲线"命令都是依靠直方图来调整图像和区域的明亮度的，其中色阶与图像亮度、对比度有关，而曲线除了具有这些功能外，还可以进行颜色调整。

1. 色阶

"色阶"是图像调整中最为重要的调整命令之一，使用它可以调整图像的阴影、中间调和高光的强度级别，从而校正图像的色调范围和色彩平衡。当图像偏亮或偏暗时，可使用此命令调整其中较亮和较暗的部分，对于暗色调图像，可将高光设置为一个较低的值，以避免太大的对比度。其中的输入色阶可以用来增加图像的对比度。在色阶面板的输入对话框中，将

左边的黑色小箭头向右拖动，增大图像中暗调的对比度，使图像变暗；将右边的箭头向左拖动，增大图像中高光的对比度，使图像变亮；中间的箭头用于调整中间色调的对比度，调整它的值可改变图像中间色调的亮度值，但不会对暗部和亮部有太大影响。输出色阶可降低图像的对比度，其中的黑色三角用来降低图像中暗部的对比度，白色三角用来降低图像中亮部的对比度。

2. 曲线

"曲线"命令具有"色阶""亮度/对比度"等多个命令的功能，它是各种色调和色彩调整命令中功能最强大、用途最广泛的命令。按下 Ctrl+M 组合键打开"曲线"对话框，可以看到色调范围呈现为一条直的对角线，与只有 3 个调整功能（高光、暗调、中间调）的"色阶"命令相比，"曲线"命令最多可在图像的整个色调范围（从阴影到高光）内调整 16 个不同的点。通过调整曲线的形状，即可调整图像的亮度、对比度、色彩等。其中横向坐标代表了原图像的色调（相当于色阶中的输入色阶），纵坐标代表了图像调整后的色调（相当于色阶中的输出色阶），对角线用来显示当前的输入和输出数值之间的关系，在没有进行调整时，所有的像素都有相同的输入和输出数值。曲线调整的长处在于多点控制，在图像中实现特定色阶区域的精确控制调整。

三、数码照片的修饰与修复

在平面图像设计中，经常会遇到要采用的素材图像或要处理的照片中有多余元素的问题，比如网上下载的图片带有水印、从报纸上扫描的图像带有网纹、多年前的旧照片有裂痕斑等，拍摄的数码照片中也会存在许多的不完美，比如脸上的痘痘或油光、皱纹等。在 Photoshop 中利用修复工具，不但可以去除不需要的部分，还能增强图片的视觉效果。

1. 去除照片中不需要的部分

在去除图像中不需要的部分的方法有很多，其中用得比较多的就是利用"仿制图章工具"，它可以将图像中的某一部分绘制到同一图像的另一处，也可以绘制到颜色模式相同的任何打开的文件中，除此之外，还可以将图层的某一部分绘制到另一个图层中，达到不同的图层间的仿制效果。在使用"仿制图章工具"去除不需要部分的过程中，为了使仿制的图像看起来更精确，需要在要去除部分的周围的图像上不断按 Alt 键来变换取样点，并不断更换画笔的直径和硬度数据大小。在进行仿制的过程中，要用不断单击的方式，而不用拖动的方式。

2. 去斑去皱

由于现在的数码相机的像素都比较高，拍摄的照片比较清晰，照片上的发丝、细纹、雀斑及痘痘都清晰可见，利用 Photoshop 中的修复工具可以轻松去除这些斑点、皱纹，得到一张比较完美的照片。

利用 Photoshop 中的"污点修复画笔工具"可以完成雀斑、痘痘的去除。在使用"污点修复画笔工具"的过程中，最好将画笔直径设置得大于修复的区域，将设置好的画笔笔头放在要祛除的痘痘或雀斑上单击，即可将图像中的瑕疵部分抹平。"污点修复画笔"是复制要修复区域的边缘像素来修补要修复区域内的图像，适用于修补分散、较小区域，如果要修补较大的区域或是控制取样点，可以尝试使用"修复画笔工具"。

如果要去除脸上的皱纹，简单使用"修复画笔工具""修补工具"很难完成，这需要借助"仿制图章工具"来完成。利用"仿制图章工具"，按 Alt 键并单击与想要修改的地方的颜色、纹理相近的区域，然后松开，单击需要修改的区域，这样反复多次后，进行高斯模糊，完成去斑去皱。

3. 去红眼

红眼是由于人在较暗的环境中拍照时瞳孔接触闪光灯引起反光而产生的。使用"红眼工具"可以很方便地消除人物照片中的红眼，并且还可以消除动物照片中的"黄眼""绿眼"。Photoshop 中"红眼工具"的原理是用黑色代替红色，变暗量数值的大小决定了瞳孔处黑色的深浅程度。打开要去除红眼的图片，选择"红眼工具"设置瞳孔大小和变暗量，然后将鼠标放在眼睛中红眼的部分单击，即可消除红眼。为了让眼睛部分看起来清晰、有神，可以在完成红眼校正后，添加"锐化"效果。如果在去除红眼后，想让人物的眼睛变成其他的颜色，比如蓝色，可以新建图层，设置前景色为"蓝色"，然后使用"画笔工具"在瞳孔处涂抹，并设置图层的混合模式为"颜色"，即可得到想要的效果。

四、数码照片的选取

将部分图像从整体中选取出来，即"抠图"。抠图是图像处理中很重要的一项技术，图像抠取的质量直接影响到图像合成的质量。在 Photoshop 软件中抠图的方法有很多，但不是每一种方法都适合各种类型图像的抠图，针对不同类型图像所具有的特点，抠图的方法也各不相同。为了完成高质量的图像抠取，需要在选取图像之前进行细致分析，根据图像特点选择较为合适的工具进行操作，对于多选或少选的图像，采取减去或添加选区的方法进行弥补；每一种图像选取工具并不是万能的，对于复杂的图像选取，还需要多种抠图工具配合使用。

在选取图像时，如果要选取的图像是规则的几何形状，比如是矩形或圆形，可利用工具箱中的矩形、椭圆选框工具进行选取；对于不规则几何形状图像选取，可以采用多边形套索工具及钢笔工具进行选取。钢笔工具相对于多边形套索工具更方便，在钢笔工具的运用过程中，可以根据需要进行锚点的添加、删除或改变方向线来达到改变路径形状目的，在路径绘制完成后，可以调整路径上锚点的位置，通过调整方向线来调整曲线的弯曲程度，可以轻松完成沿图像形状绘制路径并将其转换为选区，最终达到抠取图像的目的。

对于背景色和前景色具有鲜明色差的图像，可以采用魔术棒和色彩范围命令进行抠图。魔术棒抠图简单快捷，通常是删除图像的背景色来抠取图像，但它不适用于背景颜色复杂、边缘不清晰的图像的抠图。色彩范围命令对于背景色中不含有前景色，并且前景色与背景色对比强烈的图像抠图比较快捷。

对于边缘比较复杂，包含细节较多的图像，比如毛发、透明物体、动物等图像，只利用套索工具、钢笔工具很难完成抠图，需要选择更为高级的抠图方法，如通道抠图方法、蒙版抠图方法、抽出滤镜抠图方法。为了完成复杂图像的抠图，单一的方法难以达到理想的效果，还需要其他抠图方法的配合。比如，当选取带有飘逸的发丝人像时，除了要使用通道抠取头发，还需要使用钢笔工具来选取人物主体，只有两者紧密配合，才能达到理想的抠图效果。

五、数码图像的合成

图像合成是指将多张照片合成完整的、传达明确意义的图像。在日常生活中，随处可见的书籍封面、广告、海报、效果图等设计画面，都可以在 Photoshop 中利用一定的技术将多张图片巧妙地拼合而成。在图像的合成中，可以利用抠图技法结合一定的后期处理技术将图像进行合成，也可以通过 Photoshop 中常用的蒙版技术将图像进行合成。

在数码照片合成的过程中，要注意以下几点：

（1）光照一致。在合成照片时，尽量选择光照角度和光照强度大致相同的照片，这样才能达到比较逼真自然的效果。

（2）色温要一致。如果色温不一致，可以通过色彩调整使其一致，否则合成的照片看起来就比较假。

（3）亮度要一致。要根据一张照片的亮度来调节另一张的亮度，避免出现较大的反差。

（4）抠图技术。抠图是图像合成的基本技术，图像抠取的质量直接影响到图像合成的质量。在合成图像时，要特别注意图像的边缘是否带有原背景的色彩，如果有，就很难与新背景很好地融合。如果出现图像边缘带有原背景色，则要建立选区，根据图像边缘的清晰度设置选区的羽化值，然后反向选择进行删除，使所抠的图像边缘圆润，能与背景融合在一起。

本项目以加工和处理某职业技术学校校门照片为例（效果如图 4-2 所示），介绍利用

原图

效果图

图 4-2

项目四 加工和处理数码照片

Photoshop CC 软件对数码照片进行数码照片后期处理的操作过程，使读者能进一步加深对数码照片后期处理的理解，为下一步独立设计打下良好的基础。

4.4 项目实施

在充分解读该照片的特征和处理要求后，也来亲身感受一下数码照片的加工和处理过程。这里把该数码照片的后期处理分为两个任务：修图和合成。

任务一：修图

（1）打开 Photoshop CC，执行菜单栏中的"文件"→"打开"命令或使用 Ctrl+O 组合键，打开"学校大门.jpg"文件，如图 4-3 所示。

图 4-3

> **相关知识**
>
> 二 次 构 图
>
> 有时在前期拍摄过程中，受器材或环境所限，拍出的照片主体不够突出或构图不够好，也可能拍完照片后对照片有了其他的创作想法，此时"裁图"就会赋予照片全新的生命力。

（2）单击工具箱中"裁剪"工具 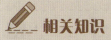，对照片多余的部分进行裁剪，如图 4-4 所示。

- 57 -

图 4-4

（3）按 Ctrl+J 组合键复制"背景"图层并生成"图层 1"，当原图修坏时，将其作为原图的一个备份。"图层"面板如图 4-5 所示。

图 4-5

相关知识

处理掉画面多余的部分

前期拍摄时，如果把一些多余的元素（如垃圾桶、杂乱的电线、多余的人物等）摄入画面中，就会有失和谐与美观，但如果前期因某种客观因素而无法避免，就需要在后期中把它们处理掉。

（4）首先需要将图像中的电线部分去除掉。单击工具箱中"污点修复画笔"工具 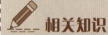，属性栏设置如图 4-6 所示。将鼠标移动到图像左上角电线起始的位置，如图 4-7 所示。单击鼠标在电线上拖动涂抹，然后放开鼠标，工具就会自动修复该区域，如图 4-8 所示。接下来在需要去除的地方反复涂抹，其间可放大图像的显示比例并适当调整画笔大小，直到将电线全部去除掉，如图 4-9 所示。

图 4-6

项目四　加工和处理数码照片

图 4-7

图 4-8

图 4-9

 操作提示

"污点修复画笔"工具 可以自动进行像素的取样，至于在图像中有杂色或污渍的地方，单击鼠标左键或拖拽涂抹即可。

Photoshop CC 中的污点修复画笔工具能够自动分析鼠标单击处及周围图像的不透明度、颜色和质感，从而进行采样与修复操作。

（5）将图像放大显示，会发现去除校名文字上方的电线后有瑕疵，如图 4-10 所示。单击工具箱中"仿制图章"工具 ![图标]，按住 Alt 键，在图像上需要修复区域的附近单击鼠标左键，选择取样点，如图 4-11 所示。取完样后，松开 Alt 键，在图像中有瑕疵的地方涂抹覆盖，如图 4-12 所示。反复多次取样并涂抹覆盖，对图像中有瑕疵的部分进行修复。效果如图 4-13 所示。

图 4-10

图 4-11

图 4-12

图 4-13

（6）接下来用同样的方法将校门左侧和校门前多余的人物去除掉。图像修复后的效果如图 4-14 所示。

图 4-14

> **操作提示**
>
> 使用"仿制图章"工具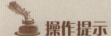可以对图像进行近似克隆的操作。从图像取样后，在图像窗口中的其他区域单击鼠标左键并拖拽，即可制作出一模一样的样本图像。
>
> 选取仿制图章工具后，可以在工具属性栏对仿制图章的属性，如画笔大小、模式、不透明度和流量等进行设置，经过相关属性的设置后，使用仿制图章工具所得到的效果会有所不同。

任务二：合成

（1）执行菜单栏中的"文件"→"打开"命令或使用 Ctrl+O 组合键，打开"天空 .jpg"文件，如图 4-15 所示。

图 4-15

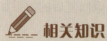 **相关知识**

弥补拍摄时客观环境的不足

前期拍摄过程中，不是每次拍摄时天气都能如人所愿，因此，弥补客观环境的不足也是很重要的后期部分。比如，换天空就是很常见的方法。

（2）使用拖拽的方法将"天空.jpg"文件拖至"学校大门.jpg"文件中，生成"图层2"，如图4-16所示。

图4-16

（3）执行菜单栏中的"编辑"→"自由变换"命令或使用Ctrl+T组合键，调整图像到合适大小，按Enter键结束，如图4-17所示。

图4-17

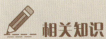

蒙版的原理

蒙版是一种特殊的选区,但是它的主要目的不是对选区进行操作,而是保护选区不被操作。同时,不处于蒙版范围内的图像区域则可以进行编辑和处理。

在合成图像时,常常会用到图层蒙版,运用图层蒙版能够很好地保护原图像不受损坏。

(4) 在"图层"面板中将"图层 2"拖动到"图层 1"的下方。选择"图层 1"为当前图层,单击"图层"面板上的"添加图层蒙版"按钮,为"图层 1"建立图层蒙版,如图 4–18 所示。

图 4–18

(5) 选择图层蒙版,使用画笔工具 在图像上进行涂抹,将"图层 1"中校门上方天空区域隐藏,使"图层 2"中蓝天部分显现出来,如图 4–19 所示。

图 4–19

操作提示

当使用前景色为黑色的画笔编辑蒙版时,将隐藏本图层被画笔涂抹过的区域;当使用前景色为白色的画笔编辑蒙版时,将显示本图层被画笔涂抹过的区域。

(6)按 Ctrl+Shift+Alt+E 组合键盖印图层,生成新图层"图层3",如图4-20所示。

图 4-20

操作提示

盖印图层是在不破坏原图像的基础上盖印一个新的图层。盖印图层的快捷键为 Ctrl+Shift+Alt+E,即将当前显示的所有图层合并为一个图层,并在所有的图层上生成新的图层而不影响下面的图层。

(7)按 Ctrl+J 组合键复制"图层3",生成新图层"图层3拷贝"。将"图层3拷贝"的"图层混合模式"设置为"叠加","不透明度"设置为"70%",效果如图4-21所示。

(8)再次按 Ctrl+J 组合键复制"图层3拷贝",生成新图层"图层3拷贝2"。将"图层3拷贝2"的"图层混合模式"设置为"正片叠底","不透明度"设置为"70%",效果如图4-22所示。

(9)选择"图层3拷贝2"为当前图层,单击"图层"面板上的"添加图层蒙版"按钮 ,为"图层3拷贝2"建立图层蒙版。使用画笔工具 在图像上进行涂抹,将"图层3拷贝2"中校门区域进行隐藏,使"图层3拷贝"中校门部分显现出来,如图4-23所示。

(10)按 Ctrl+Shift+Alt+E 组合键盖印图层,生成新图层"图层4"。按 Ctrl+M 组合键,应用"曲线"命令调整图像的整体色调,如图4-24所示。

项目四 加工和处理数码照片

图 4-21

图 4-22

图 4-23

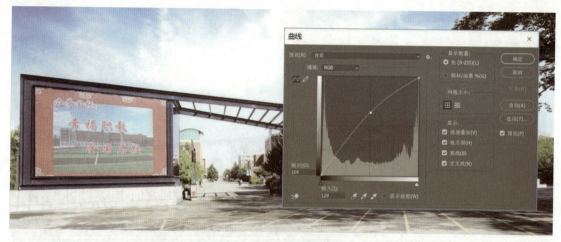

图 4-24

（11）执行菜单栏中的"滤镜"→"锐化"→"智能锐化"命令，使图像更清晰。至此，完成学校校门照片的加工和处理，最后可将文件分别以 JPG 及 PSD 格式进行保存，效果如图 4-25 所示。

图 4-25

4.5　项目拓展

拓展任务：精修设计数码照片

任务要求：

（1）为身边好友精修一组数码照片，并设计制作成一本小相册。

（2）对照片中的瑕疵进行修复修饰及细节处理。

（3）对照片的色彩进行调整和美化。

（4）排版需整体设计，照片精修需与版式风格搭配。

项目五

设计制作宣传海报

海报又称为"招贴",作为一种最鲜明及最具视觉感染力、号召力、宣传功能的艺术载体,海报是以图形、文字、色彩等诸多视觉元素为表现手段,迅速、直观地传递政策、商业、文化等各类信息的一种视觉传媒。其是"瞬间"的速看广告和街头艺术,所应用的范围主要是户外的公共场所,这一性质决定海报必须要有大尺寸的画面,用通俗易懂的图形和文字、鲜明的视觉形象、引人注目的文案来吸引人的关注,从而达到传递信息的目的,使观看到的人能迅速、准确地理解意图。它点缀着城市的街道、社区的环境、都市的色彩,成为人们生活中不可或缺的部分。

◇ 知识目标

(1)了解海报设计的基本功能、海报设计在媒介中的应用情况。
(2)掌握海报设计的原则、海报设计的构成要素。

◇ 技能目标

(1)掌握图像分辨率、色彩模式的合理选择。
(2)掌握图像、图形和文字处理的综合应用。

5.1 项目描述

学校摄影社是一个以学生摄影爱好者为基本成员的社团,社员以自愿为原则加入。摄影社的宗旨是用我们的眼睛,发现身边的美,弘扬校园文化。本项目是学校摄影协会为了提高社团知名度,并为招入新成员做宣传,设计制作一幅招新宣传海报。

设计要求:
(1)简约大气、突出摄影主题。
(2)版面要整洁美观,信息排列合理有序,能突出宣传作用。

5.2 项目分析

校园海报大致可分为学生社团或社团活动、校园讲座、校园招聘、展览表演、各种小广告。校园招贴设计需要突出主题,平面设计简单,形式丰富,色彩鲜明,创意独特。无论什么样的视觉效果,海报都有它的通知性——活动的焦点、时间和地点清晰明了。根据校园社团活动的类型,海报的文字和修饰都不用太多,但要能够传达社团精神,能够直观地传达社团的特点。

5.3　项目准备

一、海报的分类

海报按其应用不同，大致可以分为商业海报、文化海报、电影海报和公益海报等。

1. 商业海报

商业海报是指宣传商品或商业服务的商业广告性海报。商业海报的设计，要恰当地配合产品的格调和受众对象。

2. 文化海报

文化海报是指各种社会文娱活动及各类展览的宣传海报。不同种类的展览有各自的特点，设计师需要了解展览和活动的内容，才能运用恰当的方法表现其内容和风格。

3. 电影海报

电影海报是海报的分支，电影海报主要是起到吸引观众注意、刺激电影票房收入的作用，与戏剧海报、文化海报等有几分类似。

4. 公益海报

公益海报带有一定的思想性。这类海报具有特定的对公众的教育意义，其海报主题包括各种社会公益、道德的宣传，或政治思想的宣传，弘扬爱心奉献、共同进步的精神等。

二、海报设计五要素

（1）要有很高的注意值和很强的视觉冲击力，这是对海报招贴设计的最基本要求。

（2）表达的内容要精练集中，抓住主要诉求点，增强易读性和记忆度。

（3）内容不可过多，构图要简洁明快、合理有序。

（4）一般以图片为主，文案为辅。

（5）主题字体醒目，特别是其标题部分，要简明扼要，表达目标明确，紧扣主题。

本项目以学校摄影社团招新宣传海报为例，介绍利用 Photoshop CC 软件设计制作海报的操作方法和步骤。海报最终效果如图 5-1 所示。

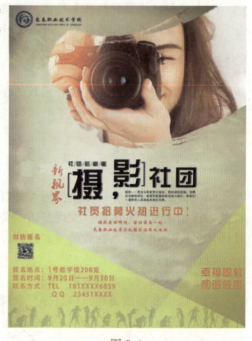

图 5-1

5.4　项目实施

在充分了解了海报设计相关知识后，来亲身感受宣传海报的制作过程。整个海报的绘制包括两个主要部分：背景部分和前景部分，其中背景主要包括图像和图案的风格设置，而前景主要是文本的设置。该宣传海报的制作分为两个任务：制作背景和制作前景。

任务一：制作背景

（1）打开 Photoshop CC，执行菜单栏中的"文件"→"新建"命令或使用 Ctrl+N 组合键，打开"新建"对话框，各项参数设置如图 5-2 所示。单击"确定"按钮，创建"摄影社团招新宣传海报 .psd"文件。

（2）执行菜单栏中的"文件"→"打开"命令或使用 Ctrl+O 组合键，打开"底纹 .jpg"素材文件，将其拖拽至"摄影社团招新宣传海报 .psd"文件中，默认生成"图层 1"，"图层"面板如图 5-3 所示。按 Ctrl+T 组合键对其大小进行调整，让底纹充满整个画面，如图 5-4 所示。

（3）打开"水墨 .psd"素材文件，将其拖拽至"摄影社团招新宣传海报 .psd"文件中，默认生成"图层 2"。按 Ctrl+T 组合键对其大小及其位置进行调整，如图 5-5 所示。

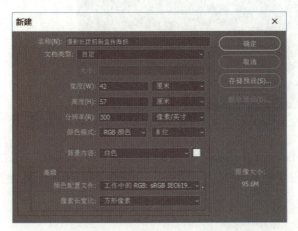

图 5-2

图 5-3

图 5-4

图 5-5

（4）单击"图层面板"上的"添加图层样式"按钮 fx，在弹出的下拉菜单中选择"内阴影"选项，在弹出的"图层样式"对话框中按图5-6所示设置。设置完毕后，单击"确定"按钮应用图层样式。

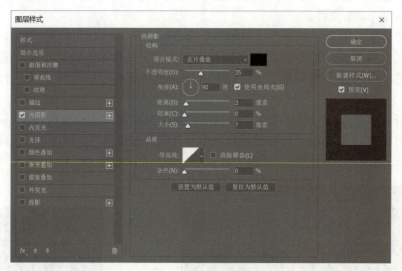

图5-6

（5）打开"摄影女孩.jpg"素材文件。按Ctrl+J组合键复制"背景"，生成"图层1"，如图5-7所示。设置"图层1"的图层混合模式为"柔光"，调整图层的不透明度为"75%"，效果如图5-8所示。

图5-7

（6）按Ctrl+Shift+Alt+E组合键盖印可见图层，生成"图层2"。"图层"面板如图5-9所示。将"图层2"拖拽至"摄影社团招新宣传海报.psd"文件中，默认生成"图层3"。按Ctrl+T组合键对其大小及其位置进行调整，如图5-10所示。

图 5-8

图 5-9　　　　　　　　　　　　　　　图 5-10　　　

（7）按 Ctrl+Alt+G 组合键创建剪贴蒙版，"图层"面板如图 5-11 所示，效果如图 5-12 所示。

图 5-11　　　　　　　　　　　　图 5-12

 操作提示

剪贴蒙版可以用一个图层中包含像素的区域来限制其上层图像的显示范围。其最大的优点是可以通过一个图层来控制多个图层的可见内容，而图层蒙版和矢量蒙版都只能控制一个图层。除了 Ctrl+Alt+G 组合键方式外，创建剪贴蒙版的方法还有以下3 种：

（1）单击"图层"面板右上角的面板菜单按钮，弹出面板菜单，选择"创建剪贴蒙版"命令。

（2）在所选图层上单击鼠标右键，在弹出的快捷菜单中选择"创建剪贴蒙版"命令。

（3）在"图层"面板中，按住 Alt 键的同时，将鼠标放置在"图层 1"和"图层 2"中间位置，鼠标光标变化时，单击鼠标创建剪贴蒙版。

（8）单击"图层"面板下方的"创建新图层"按钮，生成"图层 4"。选择工具箱中的"多边形套索"工具，绘制如图 5-13 所示三角形选区。设置前景色为黄色（R:255，G:255，B:0），按 Alt+Delete 组合键为选区填充前景色，按 Ctrl+D 组合键取消选区。在"图层"面板中调整图层不透明度为"35%"，效果如图 5-14 所示。

（9）用同样方法新建"图层 5"，绘制如图 5-15 所示选区，为选区填充黄色（R:255，G:255，B:0），在"图层"面板中调整图层不透明度为"60%"，效果如图 5-16 所示。

项目五　设计制作宣传海报

图 5-13

图 5-14

图 5-15

图 5-16

（10）单击"图层"面板下方的"创建新图层"按钮，生成"图层6"。选择工具箱中的"矩形选框"工具，创建如图5-17所示矩形选区。为选区填充黄色（R:255，G:255，B:0），效果如图5-18所示。

图 5-17

图 5-18

（11）打开"摄影师剪影.psd"素材文件，将其拖拽至"摄影社团招新宣传海报.psd"文件中，默认生成"图层7"，"图层"面板如图5-19所示。按Ctrl+T组合键对其大小及其位置进行调整，如图5-20所示。

（12）在"图层"面板中调整"图层5"到"图层6"的上方，如图5-21所示。选择"图层7"为当前图层，在"图层"面板中调整图层不透明度为"20%"，"图层"面板如图5-22所示。

（13）按Ctrl+Alt+G组合键创建剪贴蒙版，"图层"面板如图5-23所示，效果如图5-24所示。

> **操作提示**
>
> 用Ctrl+Alt+G组合键创建剪贴蒙版，可以把所选的多个图层添加为剪贴蒙版。如果在两个图层之间按Alt键，只能是一个图层制作为剪贴蒙版。

（14）打开"学校logo.jpg"素材文件，将其拖拽至"摄影社团招新宣传海报.psd"文件中，默认生成"背景 拷贝"，如图5-25所示。设置"背景 拷贝"图层混合模式为"变暗"，海报背景制作完成。效果如图5-26所示。

项目五　设计制作宣传海报

图 5-19

图 5-20

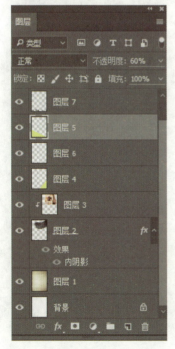

图 5-21

图 5-22

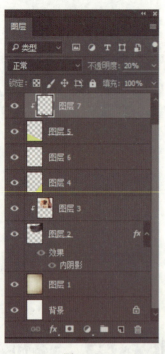

图 5-23　　　　　　　　　　　　　图 5-24

图 5-25　　　　　　　　　　　　　图 5-26

项目五　设计制作宣传海报

任务二：制作前景

（1）接下来制作海报前景。选择工具箱中的"横排文字"工具，工具属性栏设置如图 5-27 所示。在图像中单击鼠标左键，确定文字插入点，输入文本"摄，"，然后按 Ctrl+Enter 组合键确定输入的文字，如图 5-28 所示。

图 5-27

（2）执行菜单栏中的"文字"→"栅格化文字图层"命令，将文字图层栅格化，如图 5-29 所示。

图 5-28

图 5-29

操作提示

在 Photoshop 中，很多工具和命令不能应用于文字图层，此时可以先将文字图层转换为普通图层，即栅格化文字，然后再进行编辑。栅格化文字有以下两种方法：

● 选择文字图层，执行菜单栏中的"文字"→"栅格化文字图层"命令，对文字进行栅格化。

● 在"图层"面板中，选择需要栅格化的文字图层，在图层上单击鼠标右键，在弹出的快捷菜单中选择"栅格化文字"命令，对文字进行栅格化。

> 将文字图层转换为普通图层后，将无法再继续设置文字的字符属性及段落属性，但可以对其使用滤镜命令、图像调整命令或添加更丰富的颜色及图案。

（3）用同样方法，输入文字"影"。然后按 Ctrl+Enter 组合键确定输入的文字。将文字图层栅格化，并调整其在图像中的位置，如图 5-30 所示。

（4）单击"图层"面板下方的"创建新图层"按钮，生成"图层 8"。选择工具箱中的"矩形选框"工具，创建如图 5-31 所示矩形选区。

图 5-30

图 5-31

（5）执行菜单栏中的"编辑"→"描边"命令，在弹出的"描边"对话框中设置如图 5-32 所示参数。单击"确定"按钮，按 Ctrl+D 组合键取消选区，效果如图 5-33 所示。

（6）"图层 8"为当前图层。选择工具箱中的"矩形选框"工具，在如图 5-34 所示位置创建矩形选区。按下键盘上的 Delete 键删除选区内图像，按 Ctrl+D 组合键取消选区，如图 5-35 所示。

（7）在"图层"面板中，将"图层 8"拖拽到"创建新图层"按钮上，生成"图层 8 拷贝"，"图层"面板如图 5-36 所示。按 Ctrl+T 组合键弹出自由变换框，在变换控制框内单击鼠标右键，在弹出的快捷菜单中选择"水平翻转"，按键盘上的 Enter 键确认变换，移动图像至合适位置，效果如图 5-37 所示。

（8）选择工具箱中的"横排文字"工具，工具属性栏设置如图 5-38 所示，输入文字"社团"，然后将文字图层栅格化，并调整其在图像中的位置，如图 5-39 所示。

项目五 设计制作宣传海报

图 5-32

图 5-33

图 5-34

图 5-35

- 79 -

图 5-36

图 5-37

图 5-38

图 5-39

（9）选择工具箱中的"直排文字"工具，工具属性栏设置如图 5-40 所示。输入文字"新视界"，然后将文字图层栅格化，并调整其在图像中的位置，如图 5-41 所示。

项目五 设计制作宣传海报

图 5-40

图 5-41

（10）选择工具箱中的"横排文字"工具 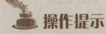，工具属性栏设置如图 5-42 所示。移动鼠标至图像编辑窗口中的合适位置，然后单击鼠标左键并向右下角拖拽，释放鼠标，即可创建一个文本框，如图 5-43 所示。输入文字后按 Ctrl+Enter 组合键，效果如图 5-44 所示。

图 5-42

操作提示

段落文字是以段落文字文本框来确定文字位置和换行的一种文字类型，文本框中的文本会根据文本框的大小进行自动换行。另外，还可以在输入过程中，适当地拖拽文本框四周的控制点来调整文本框的大小，此时文字的排列会随着文本框进行相应的调整。

（11）用同样方法输入其他相关文字及段落文本，并调整其在图像中的位置，如图 5-45 所示。

（12）打开"微信二维码.jpg"素材文件。将其拖拽至"摄影社团招新宣传海报.psd"文件中，默认生成"图层 9"。调整其在图像中的大小及位置，效果如图 5-46 所示，海报前景制作完成。

图形图像处理

图 5-43

图 5-44

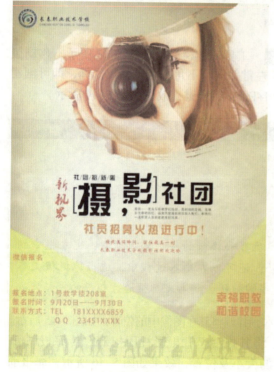

图 5-45

图 5-46

（13）最后可将文件分别以 JPG 及 PSD 格式进行保存，至此，摄影社团招新宣传海报制作完成。

5.5　项目拓展

拓展任务 1：设计制作"迎元旦"宣传海报

任务要求：
（1）体现主题，内容新颖，健康向上，突出节日气氛。
（2）有时代感和创新性。结构简洁、生动、形象醒目，易于识别记忆，兼备思想性和艺术性。

拓展任务 2：设计制作"绿茶"饮料销售海报

任务要求：
（1）画面简洁，突出产品天然、健康、无害、活力、关爱、亲近自然的品牌特点。
（2）通过图案设计、色彩联想、画面效果等来激发消费者的心理需求，吸引消费者注意，促进购买兴趣。

项目六

设计制作宣传折页

宣传折页（poster foldout）主要是指四色印刷机彩色印刷的单张彩页，一般是为扩大影响力而做的一种纸面宣传材料，是一种以传媒为基础的纸质的宣传流动广告。折页有二折、三折、四折、五折、六折等，特殊情况下，机器折不了的工艺，还可以进行手工折页。宣传折页是在日常生活中经常见到的一种宣传方式，不需要其他媒体的帮助，没有其他媒体的宣传环境、公众特点、信息安排、版面、印刷、纸张等各种限制，有很强的独立性。此外，在开本实用、折叠方式携带方便、内容新颖别致、外表美观的基础上，宣传折页封面抓住商品的特点，运用逼真的摄影或其他形式，以及牌名、商标及企业名称、联系地址等，以定位的方式、艺术的表现来吸引消费者；而内页的设计详细地反映商品方面的内容，图文并茂。每个宣传折页设计都能完整地表现出所要宣传的内容，并且针对性强，明确地表达出所宣传的目的。因为没有种种限制，所以成本比较低，发布范围广，是很多商店、公司做宣传的首选。

◇ **知识目标**

（1）了解宣传折页的功能、特点及应用范围。
（2）掌握宣传折页的设计技巧。

◇ **技能目标**

（1）掌握工具在 Photoshop 中的综合应用。
（2）熟练运用"钢笔"工具绘制路径。
（3）熟练运用"文字"工具编排文字。
（4）掌握"图层蒙版"与"渐变"工具的结合应用。

6.1 项目描述

招生宣传折页是介绍学校基本情况、学生了解该学校和进行报考的重要方式，其中有学校所开设的课程、报考条件、报考日程、联系方式等。本项目对学校取得的成绩和良好的办学条件进行介绍，并为招入新生做宣传，设计制作招生宣传折页。

设计要求：
（1）简约大气，并能一目了然地将学校情况传递给学生。
（2）版面要整洁美观，信息排列合理有序，能突出宣传作用。

6.2　项目分析

本项目设计制作学校招生宣传折页，需要结合学校特点，广泛收集文字、图片等材料，全面展现学校形象，宣传学校办学特点，系统解读招生政策、计划、专业情况，全面介绍人才培养计划、政策资助和就业创业信息。折页设计过程中，需注重版面的平衡效果，特别是文字和图片之间的关系，以及版面的留白。如果只是为了信息的编排，把所有的元素都重叠在一起而不留空隙，就会给人一种压迫感，从而丢失画面的美感。

6.3　项目准备

一、宣传折页的特点

宣传折页具有针对性、独立性和整体性的特点，为工商界所广泛应用。

1. 针对性

宣传折页以一个完整的宣传形式，针对销售季节或流行期，针对有关企业和人员，针对展销会、洽谈会，针对购买货物的消费者进行邮寄、分发、赠送，以扩大企业、商品的知名度，推售产品和加强购买者对商品了解，强化了广告的效用。

2. 独立性

宣传折页自成一体，无须借助于其他媒体，不受其他媒体的宣传环境、公众特点、信息安排、版面、印刷、纸张等各种限制，又称为"非媒介性广告"。而样本和说明书是小册子，有封面和内页，像书籍装帧一样，既有完整的封面，又有完整的内容。宣传折页的纸张、开本、印刷、邮寄和赠送对象等都具有独立性。正因为宣传折页具有针对性强和独立性的特点，因此，要充分让它为商品广告宣传服务，应当从构思到形象表现，从开本到印刷、纸张，都提出高要求，让消费者爱不释手。就像我们得到一张精美的卡片或一本精美的书籍要妥善收藏，而不会随手扔掉一样。精美的宣传折页同样会被长期保存，起到长久宣传的作用。

① 纸张。宣传折页根据不同形式和用途，选择不一样的纸张，一般用铜版纸、卡纸、玻璃卡等。

② 开本。宣传折页的开本，有32开、24开、16开、8开等，还有采用长条开本和经折叠后形成新的形式。开本大的用于张贴，开本小的利于邮寄、携带。

③ 折叠方法。主要采用"平行折"和"垂直折"两种，并能由此折出多种形式。样本运用"垂直折"，而单页的宣传折页则两种都可采用。"平行折"即每一次折叠都以平行的方向去折，如一张6个页数的折纸，将一张纸分为3份，左右两边在一面向内折入，称为"折荷包"；左边向内折、右边向反面折，则称为"折风琴"。六页以上的风琴式折法称为"反复折"，也是一种常见的折法。

3. 整体性

在确定了开本和折叠方式的基础上，宣传折页封面（包括封底）要抓住商品的特点，运用逼真的摄影或其他形式，以及牌名、商标及企业名称、联系地址等，以定位的方式、艺术的表现来吸引消费者；而内页的设计要详细地反映商品方面的内容，并且做到图文并存。对于专业性强的精密复杂商品，实物照片与工作原理图应并存，以便于使用和维修。封面形象需色彩强烈而显目；内页色彩相对柔和，便于阅读。对于复杂的图文，要求讲究排列的秩序性，并突出重点。封面、内页的形式、内容要具有连贯性和整体性，统一风格，围绕一个主题。

二、宣传折页的设计技巧

1. 内容

宣传折页不能像宣传单页那样，只有文字而没有图片。此外，宣传折页上的图片应占有比较大的比例，这个比例应当控制在60%～70%，因为消费者打开折页时，关注的重点是图片，而对文字却很少顾及。在文字的说明上，应当有一个好的标题，即折页的内容应当能吸引消费者读下去。

2. 设计

千万不要把宣传折页设计成十折八折，一般折页数在3～4为好。对于一个消费者来说，他想在最短的时间内得到的是某产品的信息。如果设计的折页数太多，消费者是没有耐心看下去的。同时，这也需要宣传折页的信息具有针对性，力求做到言简意赅。

3. 模板

一个企业应当根据自身的行业性质选择相应的宣传折页模板，然后在模板上丰富内容，最后进行宣传折页印刷。

本项目以学校招生宣传折页为例，介绍利用 Photoshop CC 软件设计制作宣传4折页的操作方法和步骤。宣传折页最终效果如图6-1所示。

效果图1　外折页

图6-1

项目六 设计制作宣传折页

效果图2 内折页

效果图3 宣传折页效果图

图6-1（续）

6.4 项目实施

在充分了解了宣传折页设计相关知识后,来亲身感受下宣传折页的制作过程。整个折页制作包括两个主要部分:外折页制作和内折页制作。其中外折页部分注重版面的整体布局、文字和图片协调的处理,在版面编排上能引导视觉流程,这样不仅可以达到版面简洁的效果,而且能让读者快速明白版面要传达的信息;而内折页中的信息内容是对宣传主体的介绍和说明等,内折页的设计与外折页的设计风格统一,色彩相对柔和,便于阅读。在这里把该宣传三折页的制作分为三个任务:制作外折页、制作内折页和制作立体效果图。前面两个任务分别制作折页的外折页和内折页的平面版式,而效果图的制作可以更直观地看出设计作品视觉传达的效果。

任务一:制作外折页

(1)打开 Photoshop CC,执行菜单栏中的"文件"→"新建"命令,或使用 Ctrl+N 组合键,打开"新建"对话框,各项参数设置如图 6-2 所示。单击"确定"按钮,创建"外折页.psd"文件。

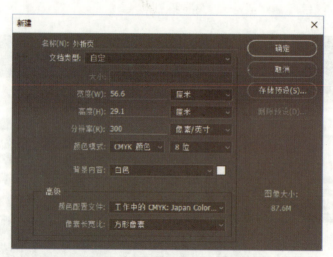

图 6-2

 操作提示

在创建文件时,尺寸大小要加上出血位。在画面四周各加上 3 mm 出血位。比如,宽度 30 cm,实际填入 30.6 cm;高度 20 cm,实际填入 20.6 cm。单位要记住,选择的是厘米。

折页的印刷分辨率是 300 dpi,输入数字:300,选择单位是:像素/英寸,这是印刷输出的通用分辨率。

印刷的颜色模式是 CMYK,不是 RGB,所以一开始新建文档时,就要把 CMYK 模式选好。

（2）执行菜单栏中的"视图"→"标尺"命令或使用 Ctrl+R 组合键，显示标尺。执行菜单栏中的"视图"→"新建参考线"命令，分别在图像窗口的 0.3 cm、14.3 cm、28.3 cm、42.3 cm、56.3 cm 处的垂直位置和 0.3 cm、28.8 cm 处的水平位置创建参考线，如图 6-3 所示。

图 6-3

（3）单击"图层"面板下方的"创建新图层"按钮 ，生成"图层 1"。选择工具箱中的"椭圆选框"工具 ，绘制椭圆形选区。执行菜单栏中的"选择"→"变换选区"命令，调整选区的大小、角度和位置，如图 6-4 所示。

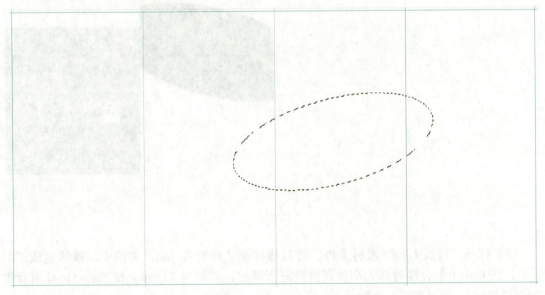

图 6-4

（4）选择工具箱中的"矩形选框"工具 ▭，按 Alt 键拖拽鼠标，在原有椭圆选区左右两侧分别绘制矩形选区与之相减，得到的选区如图 6-5 所示，为选区填充前景色。按 Ctrl+D 组合键取消选区，效果如图 6-6 所示。

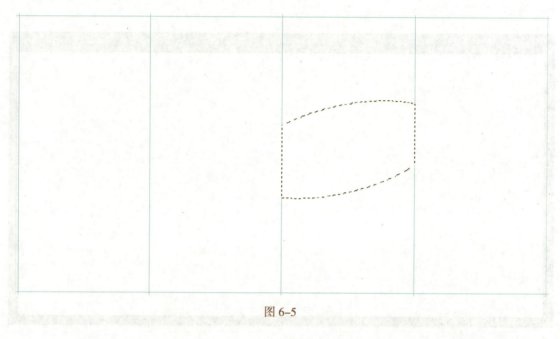

图 6-5

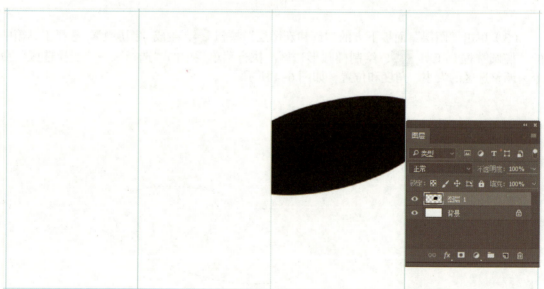

图 6-6

（5）打开"校园 1.jpg"素材文件，将其拖拽至"外折页.psd"文件中，默认生成"图层 2"。按 Ctrl+T 组合键对其大小及其位置进行调整，如图 6-7 所示。按 Ctrl+Alt+G 组合键创建剪贴蒙版，效果如图 6-8 所示。

项目六 设计制作宣传折页

图 6-7

图 6-8

（6）单击"图层"面板下方的"创建新图层"按钮 ，生成"图层 3"。选择工具箱中的"钢笔"工具 ，绘制如图 6-9 所示路径。按 Ctrl+Enter 组合键将路径转换为选区。设置前景色为黄色（C:0，M:50，Y:100，K:0），按 Alt+Delete 组合键为选区填充前景色，按 Ctrl+D 组合键取消选区。在"图层"面板中调整图层顺序，效果如图 6-10 所示。

-91-

图 6-9

图 6-10

（7）用同样方法创建新图层"图层 4"。用"钢笔"工具 绘制路径，按 Ctrl+Enter 组合键将路径转换为选区。设置前景色为橙色（C:0，M:71，Y:71，K:0），按 Alt+Delete 组合键为选区填充前景色，按 Ctrl+D 组合键取消选区。在"图层"面板中调整图层顺序，效果如图 6-11 所示。

项目六　设计制作宣传折页

图 6-11

 操作提示

"钢笔"工具 绘制的路径可以转换为选区，并且可以将路径保存在"路径"面板中，以备随时使用。由于组成路径的线段由锚点连接，因此可以很容易地改变路径的位置和形状。

在使用"钢笔"工具 绘制直线路径时，按 Shift 键可以绘制出水平、45°和垂直的直线路径。在绘制路径的过程中，当绘制完一段曲线路径后，按 Alt 键在平滑锚点上单击，转换其锚点属性，然后在绘制下一段路径时单击鼠标左键，生成的将是直线路径。

（8）打开"校园 2.jpg"素材文件，将其拖拽至"外折页 .psd"文件中，默认生成"图层 5"。按 Ctrl+T 组合键，参照参考线位置，对其大小及其位置进行调整，并将图层不透明度设置为 75%，效果如图 6-12 所示。

（9）单击"图层"面板上的"添加图层蒙版"按钮 为"图层 5"建立图层蒙版。选择该图层蒙版，用"画笔"工具 在图像上涂抹，让图像与白色背景达到自然融合，效果如图 6-13 所示。

操作提示

在使用"画笔"工具 编辑图层蒙版时，对于"画笔"工具属性栏中的"不透明度"设置，可以决定涂抹处图像被屏蔽的程度。不透明度值越高，图像被屏蔽的程度越高；反之，被屏蔽程度越低。

图 6-12

图 6-13

（10）打开"学校 logo.jpg"素材文件，将其拖拽至"外折页.psd"文件中，默认生成"图层 6"，按 Ctrl+T 组合键对其大小及位置进行调整，如图 6-14 所示。

项目六　设计制作宣传折页

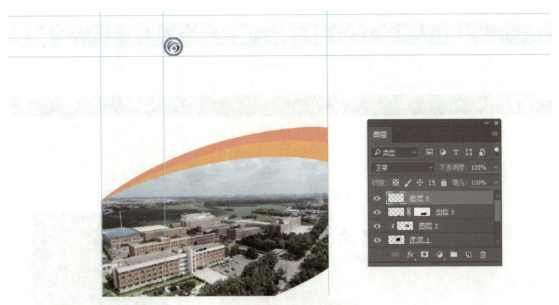

图 6-14

（11）选择工具箱中的"横排文字"工具 ，工具属性栏设置如图 6-15 所示。在图像中单击鼠标左键，确定文字插入点，输入文字，然后按 Ctrl+Enter 组合键确定，如图 6-16 所示。用同样方法设置工具属性栏，如图 6-17 和图 6-18 所示。输入中英文校名文字，效果如图 6-19 所示。

图 6-15

图 6-16

- 95 -

图 6-17

图 6-18

图 6-19

（12）选择工具箱中的"横排文字"工具 T，工具属性栏按图 6-20 所示进行设置。移动鼠标至图像编辑窗口中合适位置，然后单击鼠标左键并向右下角拖拽，释放鼠标，即可创建一个文本框，输入文字，如图 6-21 所示。按 Ctrl+Enter 组合键取消文本框并确认输入的文字。

（13）用同样方法设置工具属性栏，如图 6-22 所示。输入段落文本，效果如图 6-23 所示。单击"图层面板"上的"添加图层样式"按钮 fx，在弹出的下拉菜单中选择"描边"选项，在弹出的"图层样式"对话框中，按图 6-24 所示进行设置。设置完毕后，单击"确定"按钮应用图层样式，效果如图 6-25 所示。

（14）在"图层"面板中选中除"背景"图层以外的所有图层，执行菜单栏中的"图层"→"新建"→"从图层建立组"命令，在打开的"从图层新建组"对话框中进行设置，如图 6-26 所示。单击"确定"按钮，将选中的图层编组，"图层"面板如图 6-27 所示。

图 6-20

项目六　设计制作宣传折页

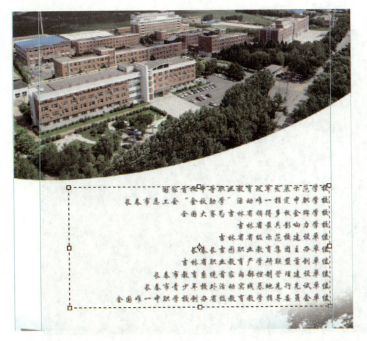

图 6-21

图 6-22

图 6-23

- 97 -

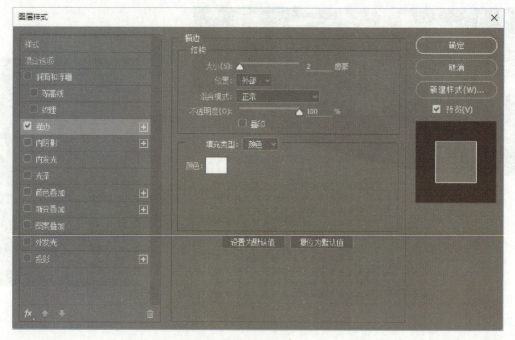

图 6-24

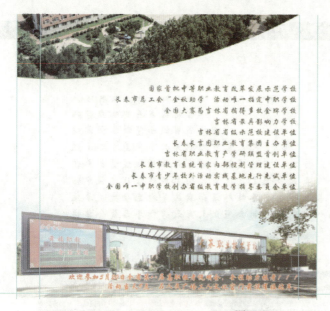

图 6-25

图 6-26

（15）单击"图层"面板下方的"创建新组"按钮 ，创建"组1"并将其重命名为"封底"，"颜色"设置为"蓝色"，"图层"面板如图6-28所示。

图6-27

图6-28

操作提示

当编辑图像时，为了方便操作，通常采用组的形式将图层归纳在一起，从而使"图层"面板变得简洁明了。

直接新建图层组

直接新建图层组通常有以下3种方法。

方法1：单击"图层"面板下方的"创建新组"按钮 ，在图层中建立一个图层组。

方法2：执行菜单栏中的"图层"→"新建"→"组"命令，在打开的"新建组"对话框中对组名与颜色进行设置，也可对模式与不透明度进行设置。

方法3：单击"图层"面板右上角的扩展按钮，在弹出的扩展菜单中选择"新建组"命令，同样可以打开"新建组"对话框，创建图层组。

通过图层新建图层组

通过图层新建图层组通常有以下3种方法。

方法1：按住Ctrl键或Shift键连续单击"图层"面板上多个图层的预览图，将其同时选中，单击"图层"→"新建"→"从图层建立组"命令，可将被选中的图层编组。此命令的快捷键为Ctrl+G。

方法2：在"图层"面板上选中多个图层，按住鼠标左键不放，将其拖至"图层"面板下方的"创建新组"按钮 ，释放鼠标左键，即建立图层组。

方法3：选中多个图层后，单击"图层"面板右上角的"扩展"按钮，在弹出的扩展菜单中选择"从图层建立组"命令，打开"从图层建立组"对话框，创建图层组。

（16）选择图层组"封底"，新建"图层7"。参照参考线位置绘制矩形选区，并填充白色，效果如图6-29所示，然后按Ctrl+D组合键取消选区。

图6-29

（17）打开"校园3.jpg"素材文件。将其拖拽至"外折页.psd"文件中，默认生成"图层8"，按Ctrl+T组合键，参照参考线位置对其大小及位置进行调整，如图6-30所示。

图6-30

(18)单击"图层"面板上的"添加图层蒙版"按钮 ▢ 为"图层 8"建立图层蒙版,选择图层蒙版,使用"渐变"工具 ▢ 在图像上填充线性渐变。在"图层"面板中调整图层不透明度为"30%",效果如图 6-31 所示。

图 6-31

(19)打开"校园 4.jpg"素材文件,将其拖拽至"外折页 .psd"文件中,默认生成"图层 9",按 Ctrl+T 组合键,参照参考线位置对其大小及位置进行调整。单击"图层"面板上的"添加图层蒙版"按钮 ▢ 为其建立图层蒙版,选择图层蒙版,使用"渐变"工具 ▢ 在图像上填充线性渐变。在"图层"面板中调整图层不透明度为"30%",效果如图 6-32 所示。

图 6-32

（20）新建"图层10"。选择工具箱中的"矩形"工具 ▭，工具属性栏设置如图6-33所示，参照参考线位置绘制如图6-34所示矩形。

图6-33

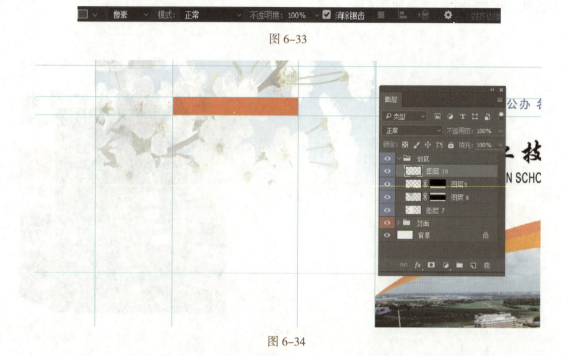

图6-34

（21）新建"图层11"。选择工具箱中的"直线"工具 ╱，工具属性栏设置如图6-35所示，参照参考线位置绘制如图6-36所示直线。

图6-35

图6-36

(22)选择工具箱中的"横排文字"工具 T ,输入文字,如图 6-37 所示。

图 6-37

(23)新建"图层 12",创建矩形选区,填充白色,调整图层不透明度为"33%",效果如图 6-38 所示。

图 6-38

(24)选择工具箱中的"横排文字"工具 T ,输入文字,如图 6-39 所示。

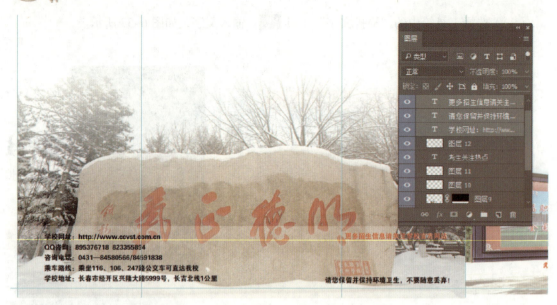

图6-39

（25）打开"二维码.jpg"素材文件，将其拖拽至"外折页.psd"文件中，默认生成"图层13"，按Ctrl+T组合键，参照参考线位置对其大小及位置进行调整，如图6-40所示。

图6-40

（26）选择工具箱中的"横排文字"工具 T ，移动鼠标至图像编辑窗口中的合适位置，然后单击鼠标左键并向右下角拖拽，释放鼠标，即可创建一个文本框。将"项目四素材/宣传折页文本/封底文本.txt"文件中的文本复制到文本框内，然后设置相应的字体颜色及字体大小，如图6-41所示。用同样方法添加其他文本，效果如图6-42所示。

项目六 设计制作宣传折页

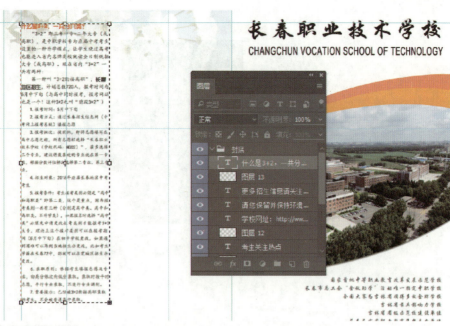

图 6-41

图 6-42

（27）单击"图层"面板下方的"创建新组"按钮，创建"组1"并将其重命名为"学校简介"，"颜色"设置为"黄色"。新建"图层14"，参照参考线位置绘制矩形选框，填充颜色（C:0，M:0，Y:15，K:0），如图 6-43 所示。

（28）取消选区，新建"图层15"。参照参考线位置绘制如图 6-44 所示图形。输入文字"学校简介"，如图 6-45 所示。

- 105 -

图 6-43

图 6-44

图 6-45

(29)新建"图层16",绘制如图6-46所示圆角矩形。打开"校园6.jpg"素材文件,将其拖拽至"外折页.psd"文件中,默认生成"图层17",按Ctrl+T组合键,参照参考线位置对其大小及位置进行调整。按Ctrl+Alt+G组合键创建剪贴蒙版,效果如图6-47所示。

图 6-46

图 6-47

(30)新建"图层17"。参照参考线位置绘制如图6-48所示图形。

(31)新建"图层18",绘制如图6-49所示圆角矩形。打开"校园7.jpg"素材文件,将其拖拽至"外折页.psd"文件中,默认生成"图层19",按Ctrl+T组合键,参照参考线位置对其大小及位置进行调整。按Ctrl+Alt+G组合键创建剪贴蒙版,效果如图6-50所示。

图形图像处理

图 6-48

图 6-49

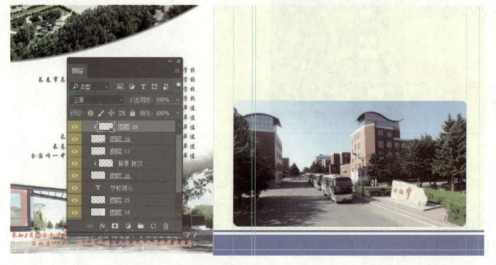

图 6-50

（32）选择工具箱中的"横排文字"工具 ，单击鼠标左键拖拽创建文本框，将"项目四素材/宣传折页文本/学校简介文本.txt"文件中的文本复制到文本框内，然后设置相应的字体颜色及字体大小，如图6-51所示。按Ctrl+Enter组合键取消文本框并确认输入文字，效果如图6-52所示。

图6-51

图6-52

（33）单击"图层"面板下方的"创建新组"按钮，创建"组1"并将其重命名为"招生计划"，"颜色"设置为"绿色"。复制"学校简介"组中的"图层14""图层15""图层17"，按Shift键在"图层"面板中同时选中生成的3个副本，将其拖至"招生计划"组中，并参照参考线位置对其位置进行调整，输入文字"招生计划"，如图6-53所示。

图 6-53

（34）新建"图层20"，绘制蓝色矩形及直线，输入文字"2018高职（含衔接高职）招生计划"，效果如图6-54所示。

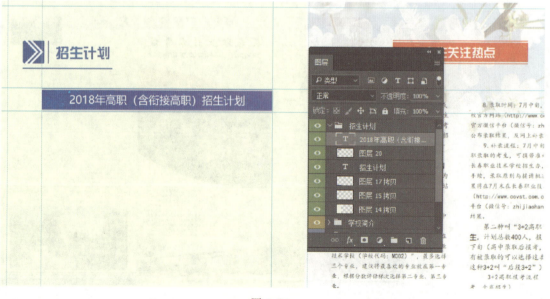

图 6-54

(35)打开"校园 6.jpg"素材文件,将其拖拽至"外折页 .psd"文件中,默认生成"图层 21",按 Ctrl+T 组合键对其大小及位置进行调整,效果如图 6-55 所示。

图 6-55

(36)在招生计划表的下方输入文字"温馨提示:……",效果如图 6-56 所示。至此,学校招生宣传折页——外折页制作完成,效果如图 6-57 所示。最后可将文件分别以 JPG 及 PSD 格式进行保存。

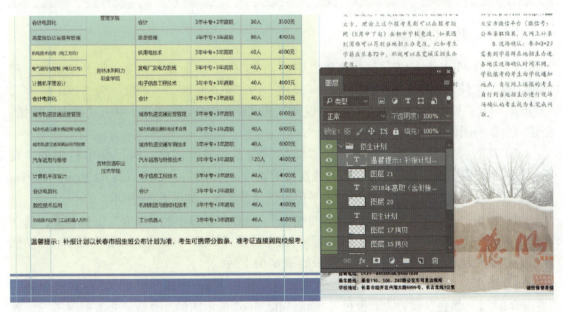

图 6-56

图 6-57

相关知识

（1）本任务的设计排版可以借助参考线，使设计感觉整齐、舒服。

（2）广告文字素材在排版时，通过字体颜色、大小的选择和文字位置的调整，可以达到突出广告主题的效果。

任务二：制作内折页

（1）打开 Photoshop CC，执行菜单栏中的"文件"→"新建"命令，打开"新建"对话框，设置文件"名称"为"内折页"，"宽度"为"56.6 厘米"，"高度"为"29.1 厘米"，"分辨率"为"300 像素 / 英寸"，"颜色模式"为"8 位 CMYK 颜色"，单击"确定"按钮，创建一个新的图像文件。

（2）执行菜单栏中的"视图"→"标尺"命令，显示标尺。执行菜单栏中的"视图"→"新建参考线"命令，分别在图像窗口的 0.3 cm、14.3 cm、28.3 cm、42.3 cm、56.3 cm 处的垂直位置和 0.3 cm、28.8 cm 处的水平位置创建参考线，如图 6-58 所示。

（3）新建"图层 1"，重命名为"渐变背景"。选择工具箱中的"渐变"工具 ，属性栏设置如图 6-59 所示。打开"渐变编辑器"命令，设置如图 6-60 所示。沿垂直方向拖动鼠标，为"渐变背景"填充渐变效果，效果如图 6-61 所示。

（4）单击"图层"面板下方的"创建新组"按钮 ，创建"组 1"并将其重命名为"专业介绍"，"颜色"设置为"橙色"。绘制如图 6-62 所示图形及直线，并参照参考线位置对其位置进行调整，输入文字"专业介绍"，如图 6-63 所示。

项目六　设计制作宣传折页

图 6-58

图 6-59

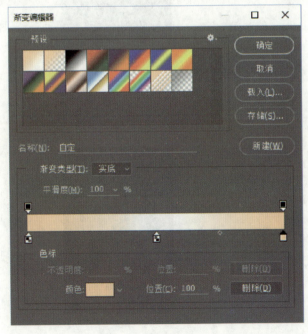

图 6-60

- 113 -

图形图像处理

图 6-61

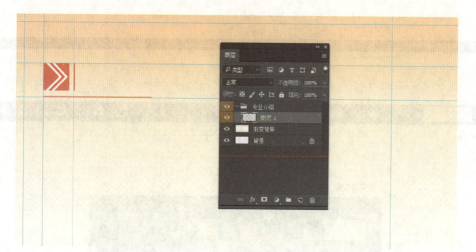

图 6-62

图 6-63

项目六　设计制作宣传折页

（5）单击"图层"面板下方的"创建新组"按钮 ▢，创建"组 1"并将其重命名为"汽车"。选择"横排文字"工具 ▢，单击鼠标左键拖拽创建文本框，将"项目四素材 / 宣传折页文本 / 专业介绍文本 .txt"文件中的相关文本复制到文本框内，然后设置相应的字体颜色及字体大小，按 Ctrl+Enter 组合键取消文本框并确认输入文字，效果如图 6-64 所示。

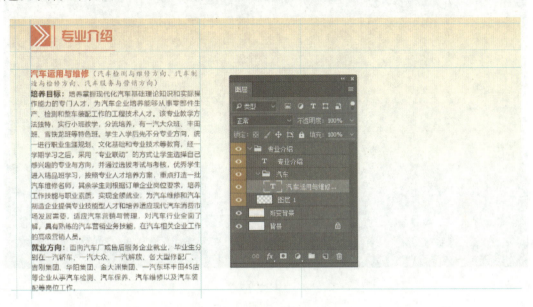

图 6-64

（6）新建"图层 2"，绘制如图 6-65 所示矩形，为绘制的矩形设置"投影"，参数设置如图 6-66 所示。打开"汽车 1.jpg"素材文件，将其拖拽至"内折页 .psd"文件中，将默认生成"图层 3"，重命名为"汽车 1"，按 Ctrl+T 组合键，参照参考线位置对其大小及位置进行调整。按 Ctrl+Alt+G 组合键创建剪贴蒙版，效果如图 6-67 所示。

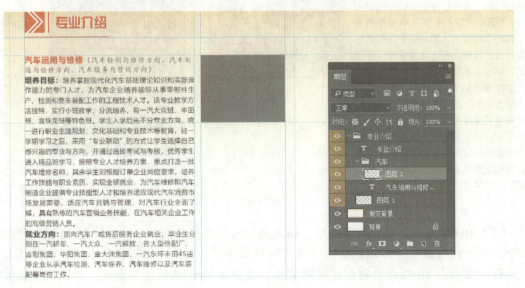

图 6-65

- 115 -

图形图像处理

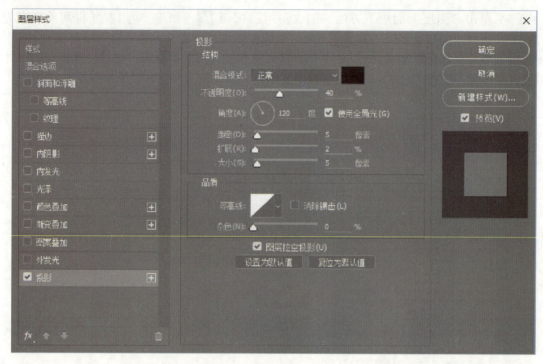

图 6-66

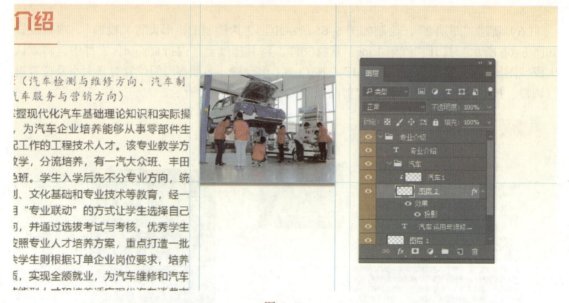

图 6-67

（7）用同样的方法创建文字图层，输入及导入其他相应文本。重复绘制（或复制生成）多个矩形，并拖拽相应多幅素材图片至"内折页 .psd"文件，参照参考线位置调整其大小及位置。按 Ctrl+Alt+G 组合键创建剪贴蒙版，效果如图 6-68 所示。至此，学校招生宣传折页——内折页制作完成，最后可将文件分别以 JPG 及 PSD 格式进行保存。

项目六　设计制作宣传折页

图 6-68

任务三：制作宣传折页效果图

（1）打开 Photoshop CC，执行菜单栏中的"文件"→"新建"命令，打开"新建"对话框，各项参数设置如图 6-69 所示。单击"确定"按钮，创建"宣传折页效果图 .psd"文件。

图 6-69

（2）新建"图层 1"，重命名为"渐变背景"。选择"渐变"工具 ▇，属性栏设置如图 6-70 所示。调节"渐变编辑器"对话框中的色标，如图 6-71 所示，从"渐变背景"图层中间向外拉的渐变效果如图 6-72 所示。

- 117 -

图形图像处理

图 6-70

图 6-71

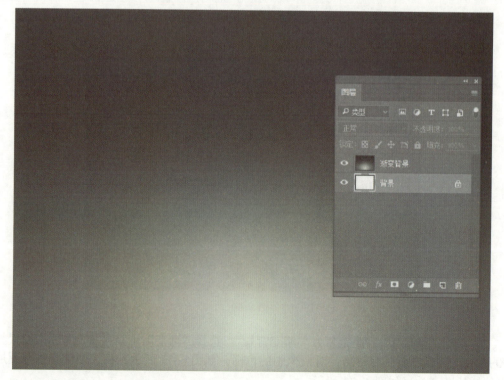

图 6-72

（3）单击"图层"面板下方的"创建新组"按钮，创建"组1"并将其重命名为"内折页"。

（4）执行菜单栏中的"文件"→"新建"命令，打开文件"内折页.psd"，将图像文件内的所有图层合并。选择"矩形选框"工具，参照参考线选取图像文件最左侧的1/4部分，按V键切换到"移动"工具，将选区内图像移动到"宣传折页效果图.psd"中的"内折页"组中，将默认生成"图层1"，重命名为"内折页1"。按Ctrl+T组合键调整图像形状，完成后按Enter键，效果如图6-73所示。

图 6-73

（5）采用同样的方法分别将"内折页"图像文件内的其他三部分折页选取并移动到"宣传折页效果图.psd"中的"内折页"组中，将新生成图层重命名为"内折页2""内折页3""内折页4"。分别按Ctrl+T组合键调整图像形状，完成后按Enter键，效果如图6-74所示。

（6）选择图层"内折页2"，单击"图层"面板上的"添加图层蒙版"按钮，为其建立图层蒙版。选择图层蒙版，使用"渐变"工具，在图像上填充线性渐变，效果如图6-75所示。用同样方法为图层"内折页3""内折页4"添加图层蒙版并填充线性渐变，效果如图6-76所示。

操作提示

（1）在使用"渐变"工具对图像进行线性和对称的渐变填充时，按鼠标左键拖动的方向和距离都会影响到填充效果。在进行渐变填充时，开始单击鼠标左键的位置将是渐变效果的中心点。

（2）使用自由变换图像方法时，选取需要变换的图像，按 Ctrl+T 组合键，在图像四周将出现自由变换控制框，按 Ctrl 键拖动 4 个角上的任意一个控制点，都可以对图像进行扭曲处理。

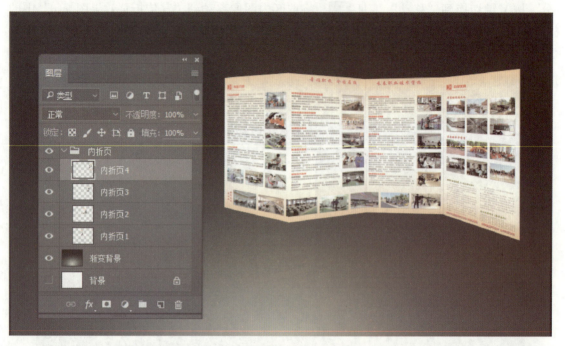

图 6-74

图 6-75

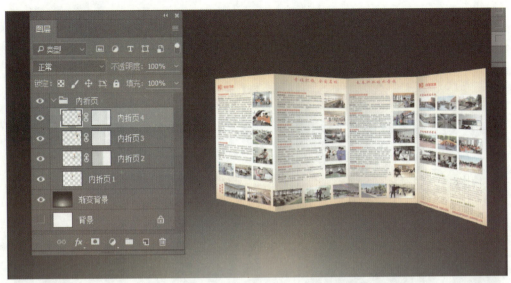

图 6-76

（7）选择图层"内折页1"，按 Ctrl+J 组合键复制图层"内折页1拷贝"，按 Ctrl+T 组合键调整图像形状及位置，完成后按 Enter 键，效果如图 6-77 所示。

图 6-77

（8）用同样方法分别为图层"内折页2""内折页3""内折页4"创建拷贝图层，并按 Ctrl+T 组合键调整图像形状及位置，完成后按 Enter 键，效果如图 6-78 所示。

（9）按住 Ctrl 键的同时选中图层"内折页1拷贝""内折页2拷贝""内折页3拷贝""内折页4拷贝"，然后按鼠标右键，在弹出的菜单中选中"合并图层"命令，合并后图层为"内折页4拷贝"，将其重命名为"内折页投影"，如图 6-79 所示。

图形图像处理

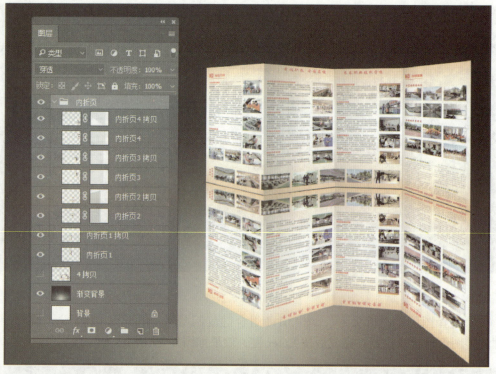

图 6-78

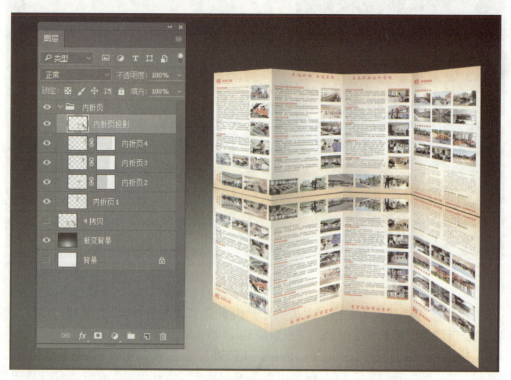

图 6-79

项目六 设计制作宣传折页

（10）选择图层"内折页投影"，单击"图层"面板上的"添加图层蒙版"按钮 ▭ 为其建立图层蒙版。选择图层蒙版，使用"渐变"工具 ▭，在图像上填充线性渐变，效果如图6-80所示。

图 6-80

（11）采用同样的方法分别制作如图6-81所示外折页的立体效果、如图6-82所示封底的立体效果、如图6-83所示封面的立体效果。至此，学校招生宣传折页效果图制作完成，效果如图6-84所示，最后可将文件分别以JPG及PSD格式进行保存。

图 6-81

图形图像处理

图 6-82

图 6-83

项目六 设计制作宣传折页

图 6-84

6.5 项目拓展

拓展任务 1：设计制作比萨店宣传折页

任务要求：
（1）主题突出，背景温暖，色彩鲜艳，产品诱人。
（2）具有视觉吸引力，能够刺激消费者的购买欲望。

拓展任务 2：设计制作温泉酒店宣传折页

任务要求：
（1）画面简洁，突出天然、健康、养生、娱乐、休闲的品牌特点。
（2）通过图案设计、色彩联想、画面效果等来激发消费者的心理需求，吸引消费者注意，促进消费欲望。

项目七

设计制作书籍封面

封面设计是书籍整体形象的塑造与表现,具有保护、传达书籍内容的功能。封面的设计主要是由需要传达的内容决定的,而不是独立存在的。封面设计对书籍形象影响很大,好的封面设计不仅可以吸引人们的注意,让读者产生阅读的兴趣,而且书籍也会受到大众认可。

◇ 知识目标

(1)了解封面设计的基本形式原理、设计原则和设计流程。
(2)掌握文字图片的排版技巧。

◇ 技能目标

(1)掌握图像分辨率、色彩模式的合理选择。
(2)掌握图像、图形和文字处理的综合应用。

7.1 项目描述

书籍是人类传播各种知识和思想、积累人类文化的重要工具,是人类文明进步的阶梯。书籍的封面可以让读者了解到书籍的内容和要点,一个优秀的图书封面能够唤起读者潜在的阅读兴趣,促成读者的购买行为。本项目学习书籍封面的设计与制作。

7.2 项目分析

本项目学习书籍封面的设计与制作,主要包括滤镜功能、图层蒙版、图层混合模式、文字的创建与编排功能的使用,以及图层蒙版与选区的结合应用等。

7.3 项目准备

一、封面设计的构成元素

封面设计主要由文字、图片、色彩3个元素构成。

1. 文字

文字是封面设计的基本元素,在设计表现上应突出书名,增强书名的识别性,加强设计元素的合理编排,形成独立的风格形象,打造品牌形象。

2. 图片

图片作为主要的视觉元素，在封面上具有吸引读者视线的重要功能，因此，适当采用大胆夸张的图像，往往有明显的效果。

3. 色彩

封面的整体色调也是强烈的视觉元素之一，运用大面积的色彩，让该书籍在众多书籍中脱颖而出，吸引读者的注意。

二、封面设计的表现形式

封面设计要将内容信息进行多层次组合，版面具有秩序性的美感，将知识与信息结构化处理，浓缩书籍的主要内容。根据书籍的种类，可将封面设计分为三类。

1. 学术书籍封面设计

一般来说，学术书籍封面只表现书名、著作名、出版社名等文字即可。版面简洁，通常采用一种或者两种颜色进行版面编排。

2. 时尚类图书的封面设计

时尚类图书一般采用最直接的方式表达书籍的特征，在封面上直接反映书籍的内容要点。时尚类图书一般采用摄影图片作为设计要素，文字以简洁突出的形式编排在版面上，具有强烈的视觉效果，版面层次清晰，主题突出。

3. 艺术类图书与文化修养读物的封面设计

这类书籍封面一般将文字、图像、色彩及材质作为版面构成元素，通过综合性编排设计，使封面具有独特的风格。

三、封面设计的色彩运用

书籍封面是书籍装帧艺术的重要组成部分，是把读者带入正文内容的向导。封面设计同绘画创作一样，都是空间艺术，但它又和绘画有所不同。封面设计的色彩运用有如下特征。

1. 色彩整体性

当一种色相确定后，需要找准符合这本书格调的不同程度的色重或明暗程度。当成套的书摆放在受众群体面前时，色块的分割及固定位置的色彩都必须产生系列、整体的感觉。如果造成分离、凸现或相异的印象，说明色彩语言过于激烈，或者太保守沉默。

2. 色彩独特性

独特性即个性，如果统一处理的元素过多，当几本书放到一起时，就会觉得封面单调、死板，并且不能很好地传达每本书的独特意义，会减弱各自的个性特征。由于从整体系列化角度出发，可以凸现的独特性受限制很大，所以只能针对不同主题，对封面图形的色彩进行特质化的强调。

3. 色彩识别性

色彩的情感效应和情感表现力与观者的视觉经验、记忆、联想等心理活动有关系，唤起观者内心的共鸣，即形成色彩认知。色彩的认知度主要取决于形状的色彩与周围色彩的关系，特别是它们之间的明度对比关系。明度对比越强，色彩的认知度越高，也就越

清楚。

　　本项目以书籍《幸福职教　开启幸福人生》封面为例，介绍利用 Photoshop CC 软件设计制作书籍封面的操作方法和步骤。最终效果如图 7-1 所示。

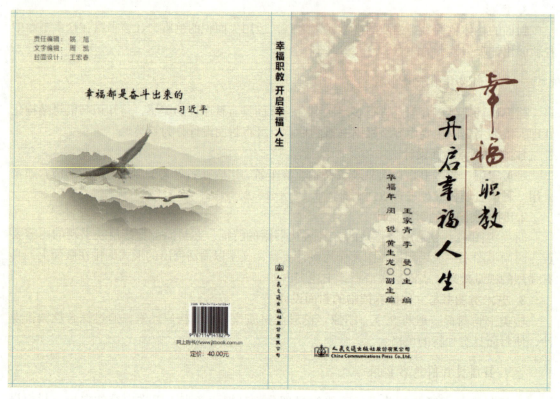

图 7-1

7.4　项目实施

　　在充分了解了封面设计相关知识后，来亲身感受一下书籍封面的制作过程。整个书籍封面的设计制作包括两个主要部分：背景部分和前景部分，其中背景主要是图像和图案的风格设置，而前景主要是文本的设置。该宣传海报书籍封面的制作分为两个任务：背景制作和前景制作。

任务一：制作背景

　　（1）打开 Photoshop CC，执行菜单栏中的"文件"→"新建"命令，新建文件，分辨率设为 300 像素/in，尺寸大小为 390 mm × 266 mm。因为该书的实际尺寸是 185 mm × 260 mm，书的厚度是 14 mm，封面的宽度加上封底的宽度及厚度，一共是 384 mm，四边再加上 3 mm 的出血，所以尺寸是 390 mm × 266 mm。把文件命名为"书籍封面"，将其存储为 PSD 格式，如图 7-2 所示。

项目七 设计制作书籍封面

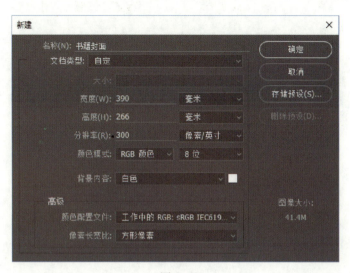

图 7-2

（2）为了使操作更准确，首先按 Ctrl+R 组合键显示标尺，在标尺刻度线上单击鼠标右键，在弹出的菜单中选择"毫米"，使标尺刻度的单位以毫米方式显示。

（3）根据步骤（1）的尺寸，如图 7-3 所示，从标尺向画面拖出封面、书脊、封底及四周出血的参考线，效果如图 7-4 所示。

（4）设置前景色（R:252，G:246，B:217），按 Alt+Delete 组合键为新建文件填充前景色，如图 7-5 所示。

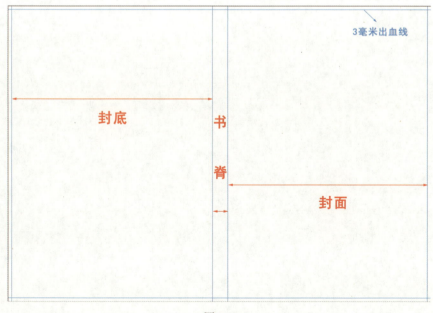

图 7-3

- 129 -

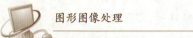

图 7-4

图 7-5

项目七 设计制作书籍封面

滤　　镜

滤镜是 Photoshop 的重要组成部分，其功能强大且操作简单，在制作图像特效时，起着举足轻重的作用。"滤镜"这一专业术语源于摄影领域，使用它能够模拟一些特殊的光照效果，或者带有装饰性的纹理效果。

在 Photoshop 中，滤镜主要分为 3 种类型：

1. 特殊滤镜

特殊滤镜功能强大且使用频率较高，加之在"滤镜"菜单中的特殊位置，因此被称为特殊滤镜，其中包括"滤镜库""镜头校正""液化"和"消失点"4 个命令。

2. 内置滤镜

内置滤镜是自 Photoshop 4.0 发布以来存在的一类滤镜，其数量有上百个之多。只要安装了 Photoshop 软件，就会自带这些内置滤镜，它在制作纹理、文字特效、图像处理等方面被广泛应用。

3. 外挂滤镜

外挂滤镜与前两类滤镜的区别在于，它不是 Photoshop 自带的滤镜，而是第三方厂家设计研发的，其功能十分强大。由于它是独立的软件，因此需要用户购买或下载后，安装在指定的目录下才能通过"滤镜"菜单进行使用。

（5）执行菜单栏中的"滤镜"→"滤镜库"命令，在"滤镜库"对话框中选择"纹理"→"龟裂缝"，设置"龟裂缝"参数，如图 7-6 所示。单击"确定"按钮，效果如图 7-7 所示。

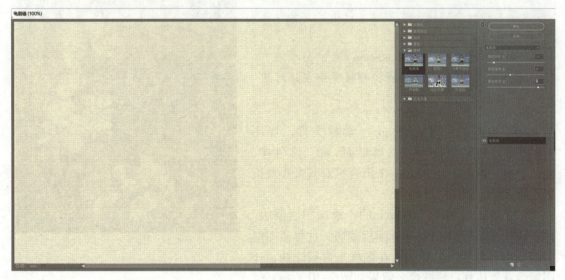

图 7-6

图 7-7

操作提示

滤镜库是汇集了 Photoshop CC 众多滤镜功能的集合式对话框。在 Photoshop CC 中，滤镜库是最为强大的一个功能，此功能允许用户重叠或重复使用某一种或某几种滤镜。

虽然"滤镜库"在 Photoshop CC 中用于集中运用滤镜，但并非所有的滤镜都被集中在此对话框中，如高斯模糊、光照效果等。

（6）打开"春暖花开.jpg"素材文件，如图 7-8 所示。将其拖拽至"书籍封面.psd"文件中，默认生成"图层 1"。按 Ctrl+T 组合键对其大小及位置进行调整，如图 7-9 所示。

（7）单击"图层"面板上的"添加图层蒙版"按钮 ，为"图层 1"建立图层蒙版。选择该图层蒙版，用"画笔"工具 在图像上进行涂抹，让图像与背景达到自然融合，效果如图 7-10 所示。

图 7-8

项目七 设计制作书籍封面

图 7-9

图 7-10

（8）在"图层"面板中调整图层不透明度为"15%"，效果如图 7-11 所示。

图 7-11

（9）打开"山脉.jpg"素材文件，如图 7-12 所示。将其拖拽至"书籍封面.psd"文件中，默认生成"图层 2"。按 Ctrl+T 组合键对其大小及位置进行调整，如图 7-13 所示。

图 7-12

图 7-13

（10）选择"图层 2"为当前图层，在"图层"面板中设置图层混合模式为"明度"，调整图层不透明度为"60%"，效果如图 7-14 所示。

图 7-14

（11）选择工具箱中的"椭圆选框"工具 ，绘制如图 7-15 所示椭圆选区。

图 7-15

（12）执行菜单栏中的"选择"→"修改"→"羽化"命令或使用 Shift+F6 组合键，为椭圆选区设置羽化半径为"100"，如图 7-16 所示。

图 7-16

（13）单击"图层"面板上的"添加图层蒙版"按钮 为"图层 2"建立图层蒙版，效果如图 7-17 所示。

（14）打开"雄鹰.jpg"素材文件，如图 7-18 所示。选择工具箱中的"磁性套索"工具 创建如图 7-19 所示选区。按 Ctrl+J 组合键复制生成新图层"图层 1"，按 Ctrl+D 组合键取消选区，"图层"面板如图 7-20 所示。

（15）用同样方法，利用"磁性套索"工具 在"背景"层上创建如图 7-21 所示选区。按 Ctrl+J 组合键复制生成新图层"图层 2"，按 Ctrl+D 组合键取消选区，如图 7-22 所示。

项目七 设计制作书籍封面

图 7-17

图 7-18

图 7-19

图 7-20

图 7-21

图 7-22

> **操作提示**
>
> 当处理一些色彩反差较大的图像时，使用磁性套索工具 就是最简单、最快捷的方法了。色彩反差越明显，使用磁性套索工具抠图就越精确。
>
> 使用磁性套索工具拖动鼠标时，如果出现的线形没有吸附在想要的图像边缘位置，可以通过单击鼠标左键手工添加紧固点来确定要吸附的位置。另外，按 BackSpace 键或 Delete 键可逐步撤销已生成的紧固点。

（16）按 Shift 键在"图层"面板中同时选中"图层 1"和"图层 2"，单击鼠标右键，在弹出的右键菜单中，选择"合并图层"命令，将"图层 1"和"图层 2"合并为"图层 1"。隐藏"背景"层，效果如图 7-23 所示。

项目七 设计制作书籍封面

图 7-23

（17）将"图层 1"拖拽至"书籍封面 .psd"文件中，默认生成"图层 3"。按 Ctrl+T 组合键对其大小及位置进行调整，如图 7-24 所示。

图 7-24

（18）选择"图层 3"为当前图层，在"图层"面板中设置图层混合模式为"明度"，调整图层不透明度为"60%"，"图层"面板如图 7-25 所示，效果如图 7-26 所示，书籍封面背景制作完成。

- 139 -

图 7-25　　　　　　　　　　　　　　图 7-26

任务二：制作前景

（1）打开"文字.png"素材文件，如图 7-27 所示。将其拖拽至"书籍封面.psd"文件中，默认生成"图层 4"。按 Ctrl+T 组合键对其大小及位置进行调整，将"图层 4"重命名为"幸福"，如图 7-28 所示。

（2）选择工具箱中的"直排文字"工具 ，工具属性栏设置如图 7-29 所示。在图像中单击鼠标左键，确定文字插入点，输入文本"职教"，然后按 Ctrl+Enter 组合键确定输入的文字，如图 7-30 所示。

（3）用同样方法输入文字"开启幸福人生"，如图 7-31 所示。

（4）单击"图层"面板下方的"创建新图层"按钮 ，创建新图层并重命名为"红线"。设置前景色为红色（R:141，G:0，B:0），选择工具箱中的"直线"工具 ，绘制如图 7-32 所示垂直线条。

（5）采用同样的方法在画面中封面、封底、书脊位置添加书名、作者名等其他的文字，效果如图 7-33 所示。

图 7-27

图 7-28

图 7-29

图 7-30

图 7-31

图 7-32

项目七　设计制作书籍封面

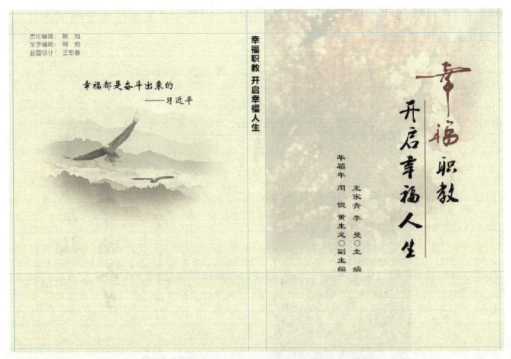

图 7-33

（6）打开"出版社.jpg"素材文件，将其拖拽至"书籍封面.psd"文件中，按 Ctrl+T 组合键对其大小及位置进行调整，将新图层重命名为"出版社"，效果如图 7-34 所示。

图 7-34

(7)选择"出版社"为当前图层,在"图层"面板中设置图层混合模式为"正片叠底",效果如图7-35所示。

图 7-35

(8)采用同样方法添加书脊位置的出版社信息,效果如图7-36所示。

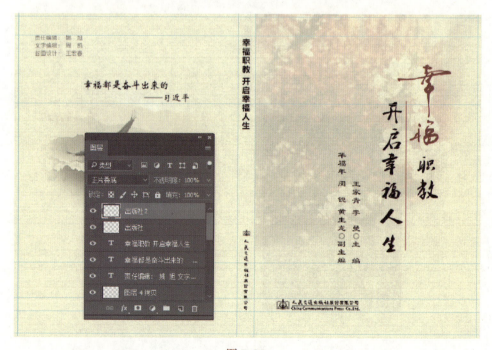

图 7-36

（9）打开"条形码.png"素材文件，将其拖拽至"书籍封面.psd"文件中，按 Ctrl+T 组合键对其大小及位置进行调整，将新图层重命名为"条形码"，效果如图 7-37 所示。

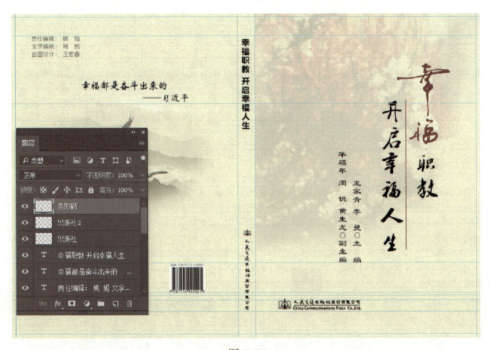

图 7-37

（10）输入"网上购书""定价"等相关文字，如图 7-38 所示。

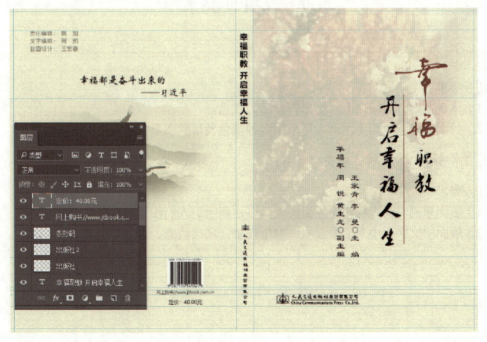

图 7-38

（11）至此，书籍封面制作完成，效果如图 7-39 所示，最后可将文件分别以 JPG 及 PSD 格式进行保存。

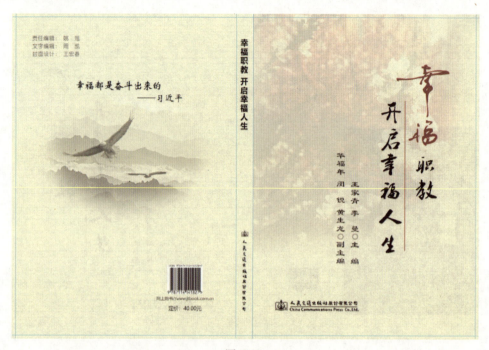

图 7-39

7.5　项目拓展

拓展任务 1：设计制作青春文艺小说封面

任务要求：
（1）体现主题，健康向上，突出青春活力气息。
（2）封面以浅蓝色为主色调，可采用多种颜色及形状图形，增强版面趣味性。

拓展任务 2：设计制作时尚杂志封面

任务要求：
（1）版面采用时尚人物作为主要图像，以达到吸引人们注意的目的。
（2）版面中文字大小对比要强烈，编排规整，层次清晰，主题突出。